1　文字を使った式 ……（1）
まだわかっていない数を表す文字

[まだわかっていない数を□や○などの記号のかわりに x などの文字を使って式に表して、答えを求めることがあります。]

❶ はがきが 1000 枚あります。何枚か使ったので、残りが 45 枚になりました。使ったはがきは何枚でしょうか。

　使ったはがきの枚数を x 枚として式に表し、答えを求めます。□にあてはまる式や数を書きましょう。　📖教16ページ②　　　20点（1つ5）

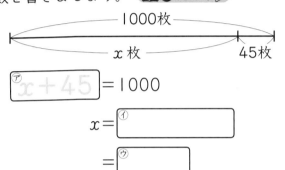

（ア）$x + 45 = 1000$

$x = $（イ）

$= $（ウ）

答え（エ）　　枚

JN125676

❷ 下のような長方形の縦の長さを求めます。　📖教16ページ②　　20点（1つ5）
　□にあてはまる式や数を書きましょう。

（ア）$x \times 14 = 84$

$x = $（イ）

$= $（ウ）

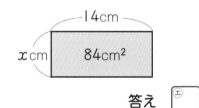

14cm
x cm　84cm²

答え（エ）　　cm

❸ 40 円のえんぴつを 6 本とノートを 1 冊買ったら、代金は 420 円でした。ノート 1 冊の値段は何円でしょうか。

　ノート 1 冊の値段を x 円として式に表し、答えを求めましょう。　📖教16ページ①

式

30点（式15・答え15）

答え（　　　　　　　　）

❹ 250 円のケーキを 5 個とプリンを 1 個買ったら、代金は 1380 円でした。プリン 1 個の値段は何円でしょうか。

　プリン 1 個の値段を x 円として式に表し、答えを求めましょう。　📖教16ページ①

式

30点（式15・答え15）

答え（　　　　　　　　）

1 文字を使った式 ……(2)
数量の関係を表す文字／いろいろな数があてはまる文字

[2つの数量の関係を、aやbなどの文字を使って表すことがあります。]

1 周りの長さが 36 cm の長方形を作ります。できる長方形の横の長さと縦の長さを調べましょう。　📖教17ページ❸　　　　　　　　　　　　　　20点(1つ10)

① 横の長さを a cm、縦の長さを b cm として、横の長さと縦の長さの関係を式に表しましょう。

（　　　　　　　）

② 縦の長さが 8 cm のとき、横の長さは何 cm でしょうか。

（　　　　　　　）

2 折り紙が 100 枚あります。同じ枚数ずつ5人が使います。1人が x 枚ずつ使い、残りの枚数を y 枚として、x と y の関係を式に表しましょう。また、1人が 15 枚ずつ使ったときの残りの枚数を求めましょう。　📖教17ページ❸　　10点(式5・答え5)

式

答え（　　　　　　　）

3 これまでに学習した計算のきまりを、文字 a、b、c を使って表します。
□にあてはまる文字を書きましょう。　📖教18ページ❹　　　　70点(1つ10)

① $a \times b = b \times \boxed{\text{ア}}$

② $(a \times b) \times c = \boxed{\text{イ}} \times (b \times c)$

③ $(a + b) \times c = \boxed{\text{ウ}} \times c + \boxed{\text{エ}} \times c$

④ $\left(\boxed{\text{オ}} - \boxed{\text{カ}}\right) \times \boxed{\text{キ}} = a \times c - b \times c$

教科書 📖 17〜18ページ

 活用

1　文字を使った式 ……(3)

 時間 15分　合格 80点 ／100

サクッと
こたえ
あわせ

答え 81ページ

[2つの数量の関係を文字を使って表し、その文字にいろいろな数をあてはめて考えることができます。]

1 ますみさんは、240円の牛乳を1パックと、160円のメロンパンを買えるだけ買おうと
考えています。　📖教19ページ　　　　　　　　　　　　100点(1つ10)

①　メロンパンを x 個買うものとして、式に表します。

　　□にあてはまる数を書きましょう。

　　　240×1＋⑦□×x

②　牛乳1パックとメロンパンを3個買うときの代金を求めましょう。

　　式　①□×1＋⑦□×⑤□＝⑦□

　　　　　　　　　　　　　　　答え ⑦□円

③　ますみさんの持っている金額は1000円です。

　　1000円では、牛乳1パックとメロンパンを何個買うことができるでしょうか。

　　上の式の文字 x に順に数をあてはめて求めましょう。

　　$x＝1$ のとき　240×1＋160×1＝400　　　まだ買える

　　$x＝2$ のとき　240×1＋160×2＝560　　　まだ買える

　　$x＝3$ のとき　240×1＋160×3＝⊕□　　　まだ買える

　　$x＝4$ のとき　240×1＋160×4＝⑦□　　　まだ買える

　　$x＝5$ のとき　240×1＋160×5＝⑦□　　　買えない

　　　　　　　　　　　　　答え ⑦□個買うことができる。

1000をこえ
ない個数は？

3

教科書📖 19ページ

2　分数と整数のかけ算、わり算

分数に整数をかける計算

> [分数に整数をかける計算では、分母はそのままにして、分子に整数をかけます。]
> $\dfrac{○}{△} × □ = \dfrac{○ × □}{△}$

❶ □にあてはまる数を書きましょう。　📖教25〜27ページ　　　　　40点(1つ5)

① $\boxed{\dfrac{1}{9} × 4}$

$\dfrac{1}{9} × 4$ は、$\dfrac{1}{9}$ が $\boxed{^{⑦}}$ 個分。

$\dfrac{1}{9} × 4 = \boxed{^{④}}$

② $\boxed{\dfrac{2}{9} × 4}$　　$\dfrac{2}{9}$ は $\dfrac{1}{9}$ が $\boxed{^{⑦}}$ 個分。

$\dfrac{2}{9} × 4$ は、$\dfrac{1}{9}$ が $\left(\boxed{^{⑤}} × \boxed{^{⑦}}\right)$ 個分。

$\dfrac{2}{9} × 4 = \dfrac{\boxed{^{⑦}} × \boxed{^{⑦}}}{9} = \boxed{^{⑦}}$

❷ 計算をしましょう。　📖教30ページ　　　　　15点(1つ5)

① $\dfrac{1}{4} × 3$　　　　② $\dfrac{1}{7} × 5$　　　　③ $\dfrac{2}{5} × 2$

❸ 計算をしましょう。　📖教30ページ　　　　　45点(1つ5)

① $\dfrac{3}{8} × 2 = \dfrac{3 × 2}{8}$　　② $\dfrac{3}{10} × 5$　　③ $\dfrac{1}{6} × 4$

④ $\dfrac{3}{10} × 6$　　⑤ $\dfrac{3}{4} × 8$　　⑥ $\dfrac{5}{3} × 6$

⑦ $1\dfrac{7}{8} × 6 = \dfrac{15}{8} × 6$　　⑧ $2\dfrac{3}{4} × 16$　　⑨ $3\dfrac{1}{3} × 9$

約分してから
計算しよう。

2　分数と整数のかけ算、わり算
分数を整数でわる計算

答え 81ページ

[分数を整数でわる計算では、分子はそのままにして、分母に整数をかけます。]

1 □にあてはまる数を書きましょう。　📖教31〜32ページ　　　　70点(1つ5)

① $\boxed{\dfrac{8}{9} \div 4}$ 　　$\dfrac{8}{9}$ は $\dfrac{1}{9}$ が8個分。

$\dfrac{8}{9} \div 4$ は、$\dfrac{1}{9}$ が $\left(\boxed{ア} \div \boxed{イ}\right)$ 個分。

$\dfrac{8}{9} \div 4 = \dfrac{\boxed{ウ} \div \boxed{エ}}{9} = \boxed{オ}$

$\dfrac{8}{9}$ L のジュースを4人で等分すると、

1人分は $\boxed{カ}$ L になります。

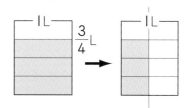

ジュース
人数

② $\boxed{\dfrac{3}{4} \div 2}$ 　　$\dfrac{3}{4} = \dfrac{3 \times \boxed{キ}}{4 \times 2}$

$\dfrac{3}{4} \div 2 = \dfrac{3 \times \boxed{ク}}{4 \times 2} \div \boxed{ケ}$

$= \dfrac{3 \times \boxed{コ} \div \boxed{サ}}{4 \times 2}$

$= \dfrac{\boxed{シ}}{4 \times 2} = \boxed{ス}$

$\dfrac{3}{4}$ L の水を2人で等分すると、

1人分は $\boxed{セ}$ L になります。

$\dfrac{3}{4}$ と大きさが等しい分数で、分子が2でわりきれる数を見つけます。

2 計算をしましょう。　📖教34ページ　　　　30点(1つ5)

① $\dfrac{2}{3} \div 4$ 　　　② $\dfrac{2}{5} \div 6$ 　　　③ $\dfrac{9}{10} \div 6$

約分してから
計算するといいよ。

④ $\dfrac{6}{7} \div 8$ 　　　⑤ $1\dfrac{1}{9} \div 5$ 　　　⑥ $2\dfrac{3}{8} \div 12$

まとめの
ドリル
6。

時間 15分 ｜ 合格 80点 ／100

月　日

サクッと
こたえ
あわせ
答え 82ページ

2　分数と整数のかけ算、わり算

1 計算をしましょう。　　　　　　　　　　　　　60点(1つ5)

① $\dfrac{1}{5} \times 2$　　② $\dfrac{2}{7} \times 4$　　③ $\dfrac{5}{14} \times 7$　　④ $\dfrac{3}{8} \times 6$

⑤ $2\dfrac{7}{10} \times 8$　　⑥ $3\dfrac{2}{3} \times 15$　　⑦ $\dfrac{5}{6} \div 5$　　⑧ $\dfrac{5}{8} \div 2$

⑨ $\dfrac{3}{4} \div 9$　　⑩ $\dfrac{24}{5} \div 8$　　⑪ $2\dfrac{8}{9} \div 6$　　⑫ $4\dfrac{1}{5} \div 12$

2 x にあてはまる数を求めましょう。　　　　　　20点(1つ5)

① $x \times 4 = \dfrac{3}{5}$　　　　　　② $x \times 3 = \dfrac{5}{6}$

③ $x \div 3 = \dfrac{2}{5}$　　　　　　④ $x \div 5 = \dfrac{1}{2}$

3 1mの重さが $\dfrac{5}{6}$ kgの鉄の棒があります。

　　この鉄の棒4mの重さは何kgでしょうか。　　20点(式10・答え10)

式

答え （　　　　　　　　　　）

教科書 24〜34ページ

時間 15分 | 合格 80点 | /100

サクッと
こたえ
あわせ

答え 82ページ

月 日

3 対称な図形 ……(1)

[1本の直線で2つに折ったとき、ぴったりと重なる図形は線対称な図形、1つの点を中心に]
[180°回転させたとき、もとの形とぴったり重なる図形は点対称な図形です。]

1 下の形で、線対称である形、点対称である形をそれぞれすべて選び、記号を（ ）に
書きましょう。 📖教39ページ**1** 　　　　　　　　　　　30点(1つ15)

① 　　　② 　　　③ 　　　④

⑤ 　　　⑥ 　　　⑦ 　　　⑧

線対称（　　　　　　　　　　） 点対称（　　　　　　　　　　　）

2 紙を2つに折り、切りぬいて、次のような図形を作りました。
□にあてはまる言葉や記号を書きましょう。 📖教40ページ、44ページ**1**、45ページ**2**

40点(1つ10)

① この図形を □ な図形といいます。

② 直線アイを □ の軸といいます。

③ 頂点Aと対応する頂点は、頂点 □ です。

④ 辺JIと対応する辺は、辺 □ です。

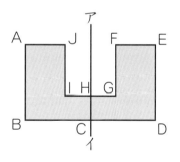

3 右の図のような点対称な図形をかきました。
□にあてはまる言葉や記号を書きましょう。 📖教41ページ、44ページ**2**、45ページ**3**

30点(1つ10)

① 点Oを □ といいます。

② 頂点Aと対応する頂点は、頂点 □ です。

③ 辺GHと対応する辺は、辺 □ です。

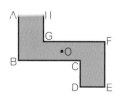

教科書 📖 38～45ページ

時間 **15**分 ｜ 合格 **80**点 ｜ /**100** ｜ 月　日

3　対称な図形　……(2)

線対称な図形の性質／点対称な図形の性質

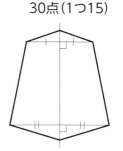

サクッと
こたえ
あわせ

答え **82**ページ

❶ 線対称な図形の性質について、□にあてはまる言葉を書きましょう。　📖教**46**ページ❸

30点(1つ15)

対応する２つの点を結ぶ直線は、対称の軸と ^ア[　　　　] に

交わります。この直線が対称の軸と交わる点から、対応する

２つの点までの長さは ^イ[　　　　　] なっています。

❷ 右の図は、直線アイを対称の軸とした線対称
な図形の半分です。残りの半分をかきましょう。

📖教**47**ページ❹　20点

まず、対応する頂点を決めてから
かいてみよう。

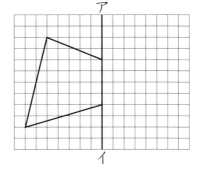

❸ 点対称な図形の性質について、□にあてはまる言葉を書きましょう。　📖教**48**ページ❺

30点(1つ15)

対応する２つの点を結ぶ直線は、対称の ^ア[　　　　] を通ります。

対称の中心から、対応する２つの点までの ^イ[　　　　] は等しく

なっています。

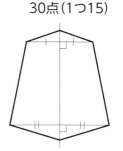

❹ 右の図は、点Oを対称の中心とした点対称な
図形の半分です。残りの半分をかきましょう。

📖教**49**ページ❻　20点

対称の中心から、対応する２つの
点までの長さは等しくなるよ。

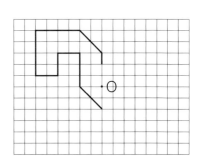

教科書 📖 **46〜49**ページ

時間 15分 | 合格 80点 | /100 | 月 日

3 対称な図形
四角形や三角形と対称 ……(3)

サクッとこたえあわせ
答え 82ページ

❶ 下の四角形の中で線対称な図形はどれでしょうか。また、点対称な図形はどれでしょうか。表のあてはまるところに〇を書きましょう。
また、線対称の図形には対称の軸の数も書きましょう。 📖教50ページ⑦

50点(1つ10)

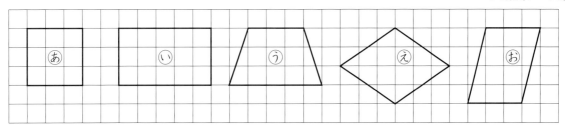

		線対称	対称の軸の数	点対称
ⓐ	正　方　形	○	4	○
ⓘ	長　方　形			
ⓤ	台　　　形			
ⓔ	ひ　し　形			
ⓞ	平行四辺形			

❷ 三角形について、次のことを調べましょう。 📖教51ページ⑧　50点(①、②1つ20、③10)

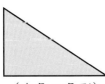
ⓐ
（直角三角形）

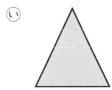
ⓘ
（二等辺三角形）

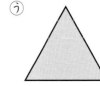
ⓤ
（正三角形）

① 上の三角形で線対称な三角形はどれでしょうか。

（　　　　　　　　　）

② 線対称の三角形の対称の軸を、上の図にかきこみましょう。

③ 点対称な三角形はあるでしょうか。

（　　　　　　　　　）

3　対称な図形
正多角形と対称
……(4)

[正多角形や円は線対称な図形です。正多角形には点対称な図形とそうでない図形があります。]

1 下の多角形の中で、線対称な図形はどれでしょうか。また、点対称な図形はどれでしょうか。表のあてはまるところに○を書きましょう。

また、線対称な図形には対称の軸の数を書きましょう。　📖教51ページ⑨

50点(1つ10)

正五角形

正六角形

正七角形

正八角形

正九角形

		線対称	対称の軸の数	点対称
㋐	正五角形	○	5	
㋑	正六角形			
㋒	正七角形			
㋓	正八角形			
㋔	正九角形			

2 円について、正しいものに○をつけましょう。まちがっているものには×をつけましょう。　📖教51ページ②

50点(1つ10)

① （　　）　円は線対称な図形です。

② （　　）　円は線対称な図形で、対称の軸は1本だけあります。

③ （　　）　円は点対称な図形です。

④ （　　）　円は点対称な図形で、対称の中心は円の周上にあります。

⑤ （　　）　円は点対称な図形で、対称の中心は円の中心です。

教科書 📖 51ページ

サクッと
こたえ
あわせ

答え 82ページ

4 分数のかけ算 ……(1)

1 1mの重さが $\dfrac{5}{8}$ kgの棒があります。

この棒 $\dfrac{1}{3}$ mの重さは何kgでしょうか。  28点(1つ7)

式 $\boxed{\dfrac{5}{8} \times \dfrac{1}{3}}$ ← $\boxed{\text{1mの重さ}}$ × $\boxed{\text{棒の長さ}}$

1mの重さの3等分だから、

$$\dfrac{5}{8} \times \dfrac{1}{3} = \dfrac{5}{8} \div \boxed{⑦}$$

$$= \dfrac{5}{8 \times \boxed{①}} = \boxed{⑦}$$

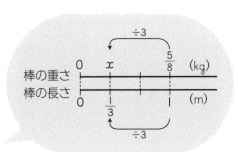

答え $\boxed{エ}$ kg

2 計算をしましょう。 72点(1つ8)

① $\dfrac{1}{2} \times \dfrac{1}{3}$

② $\dfrac{3}{5} \times \dfrac{1}{4}$

③ $\dfrac{1}{3} \times \dfrac{1}{6}$

④ $\dfrac{7}{9} \times \dfrac{1}{3}$

⑤ $\dfrac{3}{8} \times \dfrac{1}{4}$

⑥ $\dfrac{5}{6} \times \dfrac{1}{7}$

⑦ $\dfrac{7}{3} \times \dfrac{1}{2}$

⑧ $\dfrac{9}{4} \times \dfrac{1}{5}$

⑨ $\dfrac{5}{2} \times \dfrac{1}{4}$

4 分数のかけ算 ……(2)

[分数に分数をかける計算では、分母どうし、分子どうしをかけます。$\dfrac{b}{a} \times \dfrac{d}{c} = \dfrac{b \times d}{a \times c}$]

❶ 1mの重さが $\dfrac{4}{7}$ kg のロープがあります。

このロープ $\dfrac{2}{3}$ m の重さは何kgでしょうか。 📖教59〜61ページ❷ 　28点(1つ7)

式 $\boxed{\dfrac{4}{7} \times \dfrac{2}{3}}$ ← $\boxed{1\text{mの重さ}}$ × $\boxed{\text{ロープ} \dfrac{2}{3}\text{mの長さ}}$

$\dfrac{1}{3}$ m の重さの2倍だから、

$$\dfrac{4}{7} \times \dfrac{2}{3} = \left(\dfrac{4}{7} \div 3\right) \times 2$$

$$= \dfrac{4}{7 \times 3} \times 2$$

$$= \dfrac{4 \times \boxed{⑦}}{7 \times \boxed{④}} = \boxed{⑨}$$

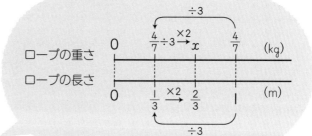

ロープの重さ

ロープの長さ

答え $\boxed{㋑}$ kg

❷ 計算をしましょう。 📖教61ページ❸ 　72点(1つ8)

① $\dfrac{1}{3} \times \dfrac{5}{6}$ 　　② $\dfrac{2}{9} \times \dfrac{2}{3}$ 　　③ $\dfrac{2}{5} \times \dfrac{4}{7}$

④ $\dfrac{5}{8} \times \dfrac{3}{4}$ 　　⑤ $\dfrac{7}{3} \times \dfrac{2}{5}$ 　　⑥ $\dfrac{8}{5} \times \dfrac{2}{7}$

⑦ $\dfrac{10}{7} \times \dfrac{8}{3}$ 　　⑧ $\dfrac{7}{6} \times \dfrac{5}{4}$ 　　⑨ $\dfrac{7}{5} \times \dfrac{7}{4}$

教科書 📖 59〜61ページ

4 分数のかけ算 ……(3)

[途中で約分できるときは、約分してから計算しましょう。]

1 計算をしましょう。 教62ページ**3**、◈、◇　　40点(1つ8)

① $\dfrac{2}{3} \times \dfrac{6}{5} = \dfrac{2 \times 6}{3 \times 5}$

$\dfrac{2}{3} \times \dfrac{6}{5} = \dfrac{2 \times \overset{2}{6}}{3 \times 5}_{1}$

② $\dfrac{2}{5} \times \dfrac{3}{4}$

③ $\dfrac{5}{9} \times \dfrac{6}{7}$

④ $\dfrac{7}{12} \times \dfrac{15}{14}$

⑤ $\dfrac{16}{3} \times \dfrac{5}{4}$

[整数×分数の計算は、整数を分数で表して計算します。]

2 整数は分数で表して計算しましょう。 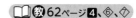教62ページ**4**、◈、◇　　30点(1つ5)

① $3 \times \dfrac{2}{5} = \dfrac{3}{1} \times \dfrac{2}{5}$

② $9 \times \dfrac{2}{3}$

③ $8 \times \dfrac{3}{10}$

④ $5 \times \dfrac{2}{9}$

⑤ $6 \times \dfrac{3}{8}$

⑥ $14 \times \dfrac{5}{7}$

3 計算をしましょう。 教62ページ◈　　30点(1つ10)

① $1\dfrac{2}{3} \times \dfrac{2}{3} = \dfrac{5}{3} \times \dfrac{2}{3}$

② $2\dfrac{1}{2} \times \dfrac{3}{5}$

③ $\dfrac{2}{5} \times 1\dfrac{3}{4}$

教科書 62ページ

4 分数のかけ算 ……(4)

[小数と分数の計算は、小数を分数で表して計算します。]

1 計算をしましょう。 📖教63ページ**5**、◈、◫ 　　　　63点(1つ7)

① $0.7 \times \dfrac{3}{5} = \dfrac{7}{10} \times \dfrac{3}{5}$

② $0.6 \times \dfrac{5}{9}$

③ $2.4 \times \dfrac{7}{8}$

④ $0.2 \times \dfrac{7}{6}$

⑤ $1.6 \times \dfrac{3}{4}$

⑥ $1.2 \times \dfrac{5}{8}$

⑦ $2.4 \times \dfrac{4}{9}$

⑧ $2.1 \times \dfrac{3}{14}$

⑨ $0.7 \times \dfrac{5}{14}$

2 計算をしましょう。 📖教63ページ**6**、◈、◫ 　　　37点(①〜⑤1つ6、⑥7)

① $\dfrac{1}{2} \times \dfrac{1}{3} \times \dfrac{1}{4}$

② $\dfrac{1}{3} \times \dfrac{2}{3} \times \dfrac{3}{5}$

③ $\dfrac{1}{2} \times \dfrac{4}{9} \times \dfrac{3}{2}$

④ $\dfrac{7}{12} \times \dfrac{9}{14} \times \dfrac{4}{5}$

⑤ $\dfrac{3}{4} \times \dfrac{5}{9} \times 12$

⑥ $\dfrac{5}{8} \times \dfrac{6}{10} \times \dfrac{4}{9}$

教科書 📖 63ページ

4 分数のかけ算 ……(5)
面積や体積の公式

［面積や体積は、辺の長さが分数で表されていても、整数や小数のときと同じように、公式を使った計算で求められます。］

❶ 縦 $\frac{4}{5}$ m、横 $\frac{2}{3}$ m の長方形の面積は何 m² でしょうか。　📖教64ページ7　20点（1つ5）

式 | ⑦ □ | × | ⑦ □ | = | ⑦ □
↑ 縦　↑ 横　↑ 長方形の面積

答え ⑦ □ m²

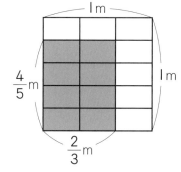

❷ 縦 $\frac{1}{3}$ m、横 $\frac{3}{4}$ m、高さ $\frac{3}{5}$ m の直方体の体積は何 m³ でしょうか。　📖教64ページ8

20点（1つ4）

式 | ⑦ □ | × | ⑦ □ | × | ⑦ □ | = | ⑦ □
↑ 縦　↑ 横　↑ 高さ　↑ 直方体の体積

答え ⑦ □ m³

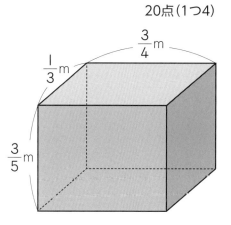

❸ 次の面積や体積を求めましょう。　📖教64ページ⑬　60点（式10・答え20）

① 1辺が $\frac{3}{4}$ cm の正方形の面積

式

答え（　　　　　）

② 縦 $\frac{2}{3}$ m、横 $\frac{4}{5}$ m、高さ $\frac{1}{6}$ m の直方体の体積

式

答え（　　　　　）

4 分数のかけ算
計算のきまり ……(6)

[計算のきまりは、分数のかけ算についても成り立ちます。]

1 □にあてはまる数を書いて、計算をしましょう。 📖教65ページ⑩、◆ 80点(1つ20)

① $\left(\dfrac{5}{7}\times\dfrac{3}{8}\right)\times\dfrac{8}{9}=\boxed{}\times\left(\dfrac{3}{8}\times\dfrac{8}{9}\right)$

$$a\times b=b\times a$$
$$(a\times b)\times c=a\times(b\times c)$$
$$(a+b)\times c=a\times c+b\times c$$
$$(a-b)\times c=a\times c-b\times c$$

② $\dfrac{18}{19}\times\left(\dfrac{2}{9}+\dfrac{5}{6}\right)=\dfrac{18}{19}\times\boxed{}+\dfrac{18}{19}\times\boxed{}$

計算が簡単になるように くふうするといいね。

③ $\dfrac{4}{7}\times\dfrac{3}{5}+\dfrac{3}{7}\times\dfrac{3}{5}=\left(\boxed{}+\boxed{}\right)\times\dfrac{3}{5}$

④ $\dfrac{7}{8}\times\dfrac{5}{11}-\dfrac{3}{8}\times\dfrac{5}{11}=\left(\boxed{}-\boxed{}\right)\times\dfrac{5}{11}$

2 くふうして計算しましょう。 📖教65ページ⑩、◆ 20点(1つ10)

① $\left(\dfrac{7}{9}\times\dfrac{5}{6}\right)\times\dfrac{3}{5}$

② $\dfrac{3}{10}\times\dfrac{7}{8}+\dfrac{7}{10}\times\dfrac{7}{8}$

きほんの
ドリル
17。

4　分数のかけ算
逆数

……(7)

時間 15分 ｜ 合格 80点 ／100

月　日

サクッと
こたえ
あわせ

答え 84ページ

[$\frac{2}{3}$ と $\frac{3}{2}$ のように、2つの数の積が1になるとき、一方の数を他方の数の逆数といいます。]

❶ 次の式が成り立つように、□にあてはまる数を書きましょう。 📖 教 66ページ 🔟

30点(1つ10)

① $\frac{3}{5} \times \boxed{} = 1$

② $\frac{2}{7} \times \boxed{} = 1$

③ $\frac{9}{2} \times \boxed{} = 1$

❷ 次の式が成り立つように、□にあてはまる数を書きましょう。 📖 教 66ページ 🔢

30点(1つ5)

① $6 \times \boxed{} = 1$

② $3 \times \boxed{} = 1$

③ $0.5 \times \boxed{} = 1$ 🍎❓

$0.5 = \frac{\square}{10}$

④ $0.7 \times \boxed{} = 1$

⑤ $2.6 \times \boxed{} = 1$

⑥ $1.7 \times \boxed{} = 1$

❸ 次の数の逆数を求めましょう。 📖 教 66ページ ◈

40点(1つ5)

① $\frac{5}{8}$

② $\frac{7}{9}$

③ $\frac{1}{4}$

④ 10

⑤ 4

⑥ 0.2

⑦ 1.6

⑧ 2.3

教科書 📖 **66ページ**

まとめの
ドリル
18。

時間 15分 | 合格 80点 | /100

月　日

サクッと
こたえ
あわせ

答え 84ページ

4　分数のかけ算 ……(1)

1 計算をしましょう。　60点(1つ5)

① $\dfrac{1}{3} \times \dfrac{1}{4}$　　② $\dfrac{2}{7} \times \dfrac{3}{5}$　　③ $\dfrac{4}{9} \times \dfrac{5}{3}$

④ $\dfrac{5}{6} \times \dfrac{3}{4}$　　⑤ $\dfrac{1}{10} \times \dfrac{2}{3}$　　⑥ $\dfrac{3}{8} \times \dfrac{4}{9}$

⑦ $1\dfrac{3}{4} \times 2\dfrac{1}{3}$　　⑧ $2\dfrac{1}{6} \times 3\dfrac{3}{4}$　　⑨ $2\dfrac{1}{7} \times 5\dfrac{3}{5}$

⑩ $8 \times \dfrac{7}{4}$　　⑪ $0.4 \times \dfrac{5}{7}$　　⑫ $2.7 \times \dfrac{2}{9}$

2 1mの重さが $\dfrac{5}{7}$ kg の棒があります。この棒 $\dfrac{3}{4}$ m の重さは何kg でしょうか。

20点(式10・答え10)

式

答え（　　　　　）

3 縦 $\dfrac{2}{3}$ m、横 $\dfrac{5}{4}$ m、高さ $\dfrac{9}{10}$ m の直方体の体積を求めましょう。20点(式10・答え10)

式

答え（　　　　　）

教科書 📖 56〜67ページ

4　分数のかけ算　　　……(2)

1 計算をしましょう。　　　　　　　　　　　　　　　　　　　　54点(1つ6)

① $\dfrac{1}{2} \times \dfrac{3}{4}$

② $\dfrac{7}{16} \times \dfrac{4}{7}$

③ $\dfrac{5}{12} \times \dfrac{9}{10}$

④ $1\dfrac{4}{9} \times \dfrac{3}{10}$

⑤ $1\dfrac{7}{8} \times 3\dfrac{1}{5}$

⑥ $8 \times \dfrac{5}{6}$

⑦ $0.3 \times \dfrac{5}{8}$

⑧ $2.4 \times \dfrac{15}{8}$

⑨ $\dfrac{2}{3} \times \dfrac{9}{7} \times \dfrac{14}{5}$

2 次の式が成り立つように、□にあてはまる数を書きましょう。　　30点(1つ10)

① $\dfrac{2}{7} \times \boxed{} = 1$

② $\boxed{} \times 5 = 1$

③ $\boxed{} \times 2.4 = 1$

3 くふうして計算しましょう。　　　　　　　　　　　　　　　　16点(1つ8)

① $\left(\dfrac{1}{3} \times \dfrac{7}{5}\right) \times \dfrac{20}{7}$

② $\dfrac{2}{9} \times \dfrac{5}{4} + \dfrac{7}{9} \times \dfrac{5}{4}$

きほんの
ドリル
20.

時間 15分 | 合格 80点 | /100

月 日

サクッと
こたえ
あわせ

答え 84ページ

5 分数のわり算 ……(1)

❶ □にあてはまる数を書きましょう。 📖教70〜73ページ❶　30点(1つ10)

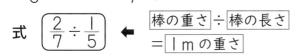

$\frac{1}{5}$ m の重さが $\frac{2}{7}$ kg の棒があります。この棒 1m の重さは何 kg でしょうか。

式 $\boxed{\frac{2}{7} \div \frac{1}{5}}$ ◀ 棒の重さ ÷ 棒の長さ = 1m の重さ

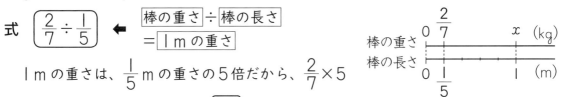

棒の重さ $0 \quad \frac{2}{7} \qquad x \quad$ (kg)
棒の長さ $0 \quad \frac{1}{5} \qquad 1 \quad$ (m)

1m の重さは、$\frac{1}{5}$ m の重さの 5 倍だから、$\frac{2}{7} \times 5$

$$\frac{2}{7} \div \frac{1}{5} = \frac{2 \times \boxed{⑦}}{7} = \boxed{④}$$

答え $\boxed{⑨}$ kg

❷ 計算をしましょう。 📖教70〜73ページ❶　30点(1つ5)

① $\frac{3}{7} \div \frac{1}{2}$　　　② $\frac{2}{9} \div \frac{1}{4}$　　　③ $\frac{5}{6} \div \frac{1}{7}$

④ $\frac{3}{8} \div \frac{1}{5}$　　　⑤ $\frac{7}{5} \div \frac{1}{6}$　　　⑥ $\frac{9}{2} \div \frac{1}{3}$

❸ $\frac{1}{7}$ m の重さが $\frac{5}{8}$ kg のロープがあります。このロープ 1m の重さは何 kg でしょうか。 📖教73ページ◇　20点(式10・答え10)

式

答え （ 　　　　　 ）

❹ $\frac{1}{5}$ dL で $\frac{2}{9}$ m² の板をぬれるペンキがあります。このペンキ 1dL では、何 m² の板をぬれるでしょうか。 📖教73ページ◇　20点(式10・答え10)

式

答え （ 　　　　　 ）

教科書 📖 70〜73ページ

きほんの
ドリル
21。

5 分数のわり算 ……(2)

時間 15分	合格 80点	/100

月 日

サクッと
こたえ
あわせ

答え 84ページ

[分数を分数でわる計算では、わる数の逆数をかけます。 $\frac{b}{a} \div \frac{d}{c} = \frac{b}{a} \times \frac{c}{d}$]

❶ □にあてはまる数を書きましょう。 📖教73〜75ページ❷   54点(1つ6)

$\frac{3}{5}$ m の重さが $\frac{2}{7}$ kg の棒があります。この棒 1 m の重さは何 kg でしょうか。

式 $\boxed{\dfrac{2}{7} \div \dfrac{3}{5}}$ この棒 $\frac{1}{5}$ m の重さは、$\dfrac{2}{7} \div \boxed{^{ア}}$

1 m の重さは、その 5 倍だから、

$$\frac{2}{7} \div \frac{3}{5} = \left(\frac{2}{7} \div \boxed{^{イ}} \right) \times \boxed{^{ウ}}$$

$$= \frac{2}{7 \times \boxed{^{エ}}} \times \boxed{^{オ}}$$

$$= \frac{2 \times \boxed{^{カ}}}{7 \times \boxed{^{キ}}} = \boxed{^{ク}}$$

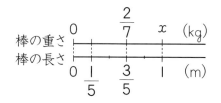

棒の重さ
棒の長さ

答え $\boxed{^{ケ}}$ kg

❷ 計算をしましょう。 📖教75ページ❸   36点(1つ6)

① $\frac{1}{4} \div \frac{2}{3}$

② $\frac{3}{5} \div \frac{4}{7}$

③ $\frac{5}{8} \div \frac{6}{11}$

④ $\frac{5}{3} \div \frac{7}{5}$

⑤ $\frac{9}{2} \div \frac{5}{3}$

⑥ $\frac{10}{7} \div \frac{3}{2}$

❸ $\frac{2}{7}$ dL で $\frac{3}{8}$ m² の板をぬれるペンキがあります。このペンキ 1 dL では、何 m² の板をぬれるでしょうか。 📖教75ページ❷   10点(式5・答え5)

式

答え （   ）

教科書 📖 73〜75ページ

5　分数のわり算　　　……(3)

[かけ算になおしてから約分を考えましょう。]

1 計算をしましょう。　📖教 76ページ❸、◆、◇　　42点(1つ7)

① $\dfrac{5}{8} \div \dfrac{3}{4}$

② $\dfrac{8}{9} \div \dfrac{4}{15}$

③ $\dfrac{7}{4} \div \dfrac{14}{3}$

④ $\dfrac{5}{16} \div \dfrac{15}{4}$

⑤ $\dfrac{16}{3} \div \dfrac{2}{3}$

⑥ $\dfrac{18}{5} \div \dfrac{3}{10}$

[整数÷分数の計算は、整数を分数で表して計算します。]

2 計算をしましょう。　📖教 76ページ❹、◇、◇　　42点(1つ7)

① $3 \div \dfrac{5}{6} = \dfrac{3}{1} \div \dfrac{5}{6}$

② $8 \div \dfrac{4}{5}$

③ $6 \div \dfrac{9}{4}$

④ $12 \div \dfrac{3}{5}$

⑤ $18 \div \dfrac{12}{7}$

⑥ $15 \div \dfrac{6}{7}$

3 計算をしましょう。　📖教 76ページ◇　　16点(①②1つ5、③6)

① $1\dfrac{1}{6} \div \dfrac{1}{4}$

② $1\dfrac{4}{9} \div \dfrac{1}{6}$

③ $1\dfrac{3}{8} \div \dfrac{1}{10}$

教科書 📖 76ページ

きほんの
ドリル
23.

時間 15分　| 合格 80点　/100

月　日

サクッと
こたえ
あわせ

答え 85ページ

5　分数のわり算　……(4)

[小数÷分数の計算は、小数を分数で表して計算します。]

❶ 小数は、分数で表して計算しましょう。　📖教77ページ**5**、◈、◈　30点(1つ5)

① $0.5 \div \dfrac{1}{3} = \dfrac{5}{10} \div \dfrac{1}{3}$

② $0.8 \div \dfrac{2}{5}$

③ $3.2 \div \dfrac{4}{5}$

④ $1.2 \div \dfrac{8}{15}$

⑤ $1.8 \div \dfrac{4}{5}$

⑥ $2.8 \div \dfrac{14}{15}$

❷ 計算をしましょう。　📖教77ページ**6**、◈、◈、78ページ　70点(1つ10)

① $\dfrac{3}{8} \times \dfrac{6}{7} \div \dfrac{9}{14} = \dfrac{3}{8} \times \dfrac{6}{7} \times \dfrac{14}{9}$

② $\dfrac{3}{4} \times \dfrac{5}{6} \div \dfrac{5}{8}$

③ $\dfrac{4}{5} \div \dfrac{1}{3} \times \dfrac{1}{6}$

④ $\dfrac{7}{9} \div \dfrac{2}{3} \times \dfrac{6}{7}$

⑤ $\dfrac{2}{5} \div \dfrac{2}{3} \div \dfrac{4}{9}$

⑥ $4 \times \dfrac{8}{3} \div 2.4$

⑦ $2.5 \div \dfrac{5}{4} \div 3.6$

$\dfrac{2}{5} \div \dfrac{2}{3} \div \dfrac{4}{9} = \dfrac{2}{5} \times \dfrac{\square}{\square} \times \dfrac{\square}{\square}$

きほんの
ドリル
24

時間 15分　｜合格 80点｜／100

月　　日

サクッと
こたえ
あわせ

答え 85ページ

5　分数のわり算 ……(5)
積の大きさ、商の大きさ

[かける数が1より小さいとき、積はかけられる数より小さくなります。]

❶ 積がかけられる数より小さくなるのはどれでしょうか。　📖教79ページ❾　20点

 ⓐ　$8 \times \dfrac{5}{6}$　 ⓘ　$0.9 \times \dfrac{4}{3}$　 ⓤ　$\dfrac{9}{8} \times \dfrac{9}{7}$　 ⓔ　$\dfrac{2}{5} \times \dfrac{3}{8}$

               （　　　　　）

[わる数が1より小さいとき、商はわられる数より大きくなります。]

❷ 商がわられる数より大きくなるのはどれでしょうか。　📖教79ページ❾　20点

 ⓐ　$2 \div \dfrac{8}{7}$　 ⓘ　$0.5 \div \dfrac{4}{5}$　 ⓤ　$\dfrac{9}{5} \div \dfrac{6}{7}$　 ⓔ　$\dfrac{1}{9} \div 3$

               （　　　　　）

❸ 積がかけられる数よりも小さくなる式を選びましょう。
 また、商がわられる数よりも大きくなる式を選びましょう。
 （a、b、c、dは0でない数を表しています。）　📖教79ページ⑭　30点(1つ15)

 ⓐ　$a \times \dfrac{2}{7}$　 ⓘ　$b \div \dfrac{8}{5}$　 ⓤ　$c \div \dfrac{7}{12}$　 ⓔ　$d \times \dfrac{5}{4}$

積がかけられる数よりも （　　　　　） 商がわられる数よりも （　　　　　）
小さくなる式   大きくなる式

❹ 次の□にあてはまる数を、ⓐからⓔの中からそれぞれ選びましょう。　📖教79ページ❾
                  30点(1つ15)

 ① $25 \times \boxed{} > 25$

 ⓐ　$\dfrac{3}{4}$　 ⓘ　$\dfrac{1}{2}$　 ⓤ　$\dfrac{5}{3}$　 ⓔ　$\dfrac{4}{5}$

               （　　　　　）

 ② $17 \div \boxed{} < 17$

 ⓐ　$\dfrac{1}{5}$　 ⓘ　$\dfrac{4}{7}$　 ⓤ　$\dfrac{2}{3}$　 ⓔ　$\dfrac{8}{5}$

               （　　　　　）

5 分数のわり算 ……(6)
倍の計算

時間 15分 | 合格 80点 | /100

月　　日

答え 85ページ

[分数で表された量についても、整数や小数のときと同じように、倍を考えます。]

❶ 赤のリボンが $\frac{5}{6}$ m、白のリボンが $\frac{10}{9}$ m あります。白のリボンの長さは、赤のリボンの長さの何倍でしょうか。 教80ページ　　　20点(式10・答え10)

式

答え（　　　　　　）

❷ まさしさんの現在の身長は 150 cm です。1年生のときの身長は、この $\frac{5}{6}$ でした。1年生のときの身長は何 cm だったでしょうか。 教81ページ　20点(式10・答え10)

式

答え（　　　　　　）

よく読んで！

❸ 水そうに $\frac{4}{3}$ L の水を入れました。これは、この水そうに入る水の体積の $\frac{2}{9}$ にあたります。この水そうには、全部で何 L の水が入るでしょうか。 教82ページ

30点(式15・答え15)

式

答え（　　　　　　）

ミスに注意！

❹ 今年とれたじゃがいもは 15 kg です。これは昨年とれたじゃがいもの $\frac{5}{3}$ にあたります。昨年とれたじゃがいもは何 kg でしょうか。 教82ページ　　　30点(①1つ10、②10)

① 昨年とれたじゃがいもを x kg として式に表しましょう。

$x \times \boxed{}^{⑦} = \boxed{}^{④}$

② 答えは何 kg でしょうか。

（　　　　　　）

教科書 80〜82ページ

25

5　分数のわり算　　　……(1)

1 計算をしましょう。　　　　　　　　　　　　　　　60点(1つ10)

① $\dfrac{4}{7} \div \dfrac{5}{8}$

② $\dfrac{4}{15} \div \dfrac{16}{21}$

③ $\dfrac{3}{10} \div 3\dfrac{3}{5}$

④ $6 \div \dfrac{9}{2}$

⑤ $0.4 \div \dfrac{7}{8}$

⑥ $\dfrac{4}{5} \div \dfrac{3}{4} \div \dfrac{8}{9}$

2 $\dfrac{9}{8}$ m の重さが $\dfrac{15}{16}$ kg の棒があります。この棒 1 m の重さは何 kg でしょうか。

10点(式5・答え5)

式

答え（　　　　　　）

3 商がわられる数より大きくなるのはどれでしょうか。　　　　　　10点

あ $\dfrac{9}{8} \div \dfrac{5}{7}$

い $\dfrac{1}{2} \div \dfrac{4}{3}$

う $2 \div \dfrac{3}{2}$

え $9 \div \dfrac{5}{6}$

（　　　　　　）

4 計算ドリルは 90 ページで、漢字練習帳のページ数は、この $\dfrac{3}{5}$ にあたります。

漢字練習帳は何ページあるでしょうか。　　　　　　10点(式5・答え5)

式

答え（　　　　　　）

5 コップに $\dfrac{1}{8}$ L の水が入っています。これは、コップに入る水の $\dfrac{3}{4}$ にあたります。

このコップに入る水の量は何 L でしょうか。　　　　　　10点(式5・答え5)

式

答え（　　　　　　）

教科書 **70〜82ページ**

まとめの
ドリル
27。

時間 15分 ｜ 合格 80点 ｜ /100

月　　日

サクッと
こたえ
あわせ

答え 86ページ

5　分数のわり算　……(2)

1 計算をしましょう。　　　　　　　　　　　　　60点(1つ10)

① $\dfrac{8}{9} \div \dfrac{4}{5}$

② $\dfrac{8}{15} \div \dfrac{6}{25}$

③ $2\dfrac{4}{5} \div 4\dfrac{3}{8}$

④ $3\dfrac{1}{2} \div 1\dfrac{1}{4}$

⑤ $0.6 \div \dfrac{2}{5}$

⑥ $\dfrac{5}{6} \div \dfrac{3}{8} \times \dfrac{3}{10}$

2 長方形の形をした公園があり、面積は $\dfrac{8}{9}$ km²、縦の長さは $\dfrac{16}{21}$ km です。

この公園の横の長さは何 km でしょうか。　　　10点(式5・答え5)

式

答え（　　　　　　　　）

3 $\dfrac{3}{8}$ m の重さが $\dfrac{9}{10}$ kg の棒があります。この棒 1m の重さは何 kg でしょうか。

10点(式5・答え5)

式

答え（　　　　　　　　）

4 ひろさんの家から学校までの道のりは $\dfrac{8}{9}$ km で、駅までの道のりは $\dfrac{4}{3}$ km です。

駅までの道のりは、学校までの道のりの何倍でしょうか。　10点(式5・答え5)

式

答え（　　　　　　　　）

5 あきさんの身長は 130cm です。これは、お兄さんの身長の $\dfrac{5}{6}$ にあたります。

お兄さんの身長は何 cm でしょうか。　　　　10点(式5・答え5)

式

答え（　　　　　　　　）

時間 15分 ｜ 合格 80点 ｜ /100

月　日

サクッと
こたえ
あわせ

答え 86ページ

文字を使った式／
分数と整数のかけ算、わり算

1 ボールペンを9本買ったら、代金は1440円でした。ボールペン1本の値段は何円でしょうか。ボールペン1本の値段を x 円として式に表し、答えを求めましょう。

20点(式10・答え10)

式

答え（　　　　　　　）

2 高さが4cm、底辺の長さがacm、面積がbcm² の三角形があります。　30点(1つ15)

① 底辺の長さと面積の関係を式に表しましょう。

（　　　　　　　）

② 底辺の長さが8cm のときの三角形の面積を求めましょう。

（　　　　　　　）

3 計算をしましょう。　30点(1つ5)

① $\dfrac{1}{5} \times 4$

② $\dfrac{5}{8} \times 6$

③ $1\dfrac{4}{9} \times 6$

④ $\dfrac{2}{3} \div 3$

⑤ $\dfrac{2}{3} \div 4$

⑥ $2\dfrac{2}{5} \div 6$

4 $\dfrac{3}{10}$ m のリボンが8本あります。全部で何m になるでしょうか。

20点(式10・答え10)

式

答え（　　　　　　　）

対称な図形

時間 15分 ／ 合格 80点 ／100

月　日

答え 86ページ

サクッと こたえ あわせ

1 直線アイを対称の軸とした線対称な図形をかきましょう。　　35点

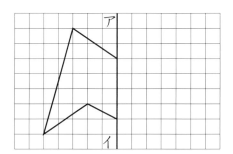

2 点Oを対称の中心とした点対称な図形をかきましょう。　　35点

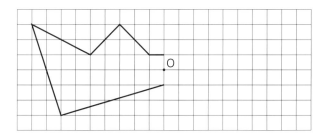

3 右の図は、線対称でもあり、点対称でもある図形です。次の①、②、③のことを調べましょう。

30点(1つ10)

① 対称の軸をすべてかき入れましょう。

② 対称の中心をかき入れましょう。

③ 辺ABと長さが等しい辺をすべて答えましょう。

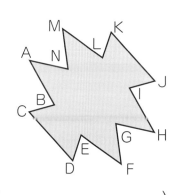

(　　　　　　　)

時間 **15**分 | 合格 **80**点 | /100

月　日

サクッと
こたえ
あわせ

答え **86** ページ

30. 分数のかけ算／分数のわり算

1 計算をしましょう。　　　　　　　　　　　　　　　　　　36点(1つ4)

① $\dfrac{4}{3} \times \dfrac{9}{2}$　　　② $3 \times \dfrac{3}{7}$　　　③ $1\dfrac{3}{8} \times \dfrac{2}{3}$

④ $\dfrac{5}{6} \div \dfrac{10}{3}$　　　⑤ $5\dfrac{1}{4} \div 1\dfrac{7}{8}$　　　⑥ $0.4 \div \dfrac{4}{5}$

⑦ $\dfrac{4}{5} \div \dfrac{2}{3} \times \dfrac{15}{2}$　　　⑧ $\dfrac{2}{7} \times \dfrac{2}{3} \div \dfrac{3}{7}$　　　⑨ $\dfrac{3}{4} \div \dfrac{9}{16} \div 6$

2 分数のかけ算になおして計算しましょう。　　　　　　　　24点(1つ12)
① $0.27 \div 0.9 \div 0.2$　　　　② $1.5 \times 0.25 \div 5.5$

3 1mの重さが $\dfrac{4}{5}$ kgの棒(ぼう)があります。この棒 $\dfrac{2}{3}$ mの重さは何kgですか。

20点(式10・答え10)

式

答え (　　　　　　　　)

4 花だんのうち $\dfrac{5}{6}$ ㎡がパンジー畑で、これは、花だん全体の $\dfrac{3}{10}$ にあたります。
花だん全体の面積は何㎡ですか。　　　　　　　　20点(式10・答え10)

式

答え (　　　　　　　　)

6　データの見方
代表値と散らばり

[数が異なるものを比べる場合、代表値を使います。]

1 下の表は、1組の男子と女子が1か月に借りた本の冊数を調べたものです。

教89〜90ページ**1**、91〜92ページ**2**　100点（①10、②1つ15）

借りた本の数（男子）

番号	冊数（冊）	番号	冊数（冊）
①	4	⑨	12
②	6	⑩	8
③	16	⑪	5
④	14	⑫	7
⑤	9	⑬	8
⑥	13	⑭	10
⑦	11	⑮	10
⑧	10	⑯	11

借りた本の数（女子）

番号	冊数（冊）	番号	冊数（冊）
①	13	⑨	11
②	4	⑩	12
③	7	⑪	14
④	12	⑫	8
⑤	8	⑬	9
⑥	10	⑭	13
⑦	14	⑮	8
⑧	9		

① 男子のデータを数直線に表しました。女子のデータをドットプロットに表しましょう。

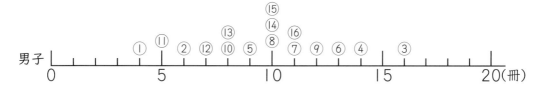

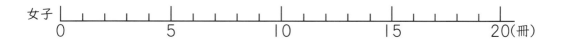

② 下の表に、男子と女子の平均値、最ひん値、中央値を整理しましょう。
ただし、平均値はそれぞれ四捨五入して上から2けたの概数で求めましょう。

	男子	女子
平均値　　（冊）	㋐	㋑
最ひん値　（冊）	㋒	㋓
中央値　　（冊）	㋔	㋕

6 データの見方
度数分布表と柱状グラフ　　　……(1)

[度数分布表とは、記録をいくつかの階級に区切って整理した表です。]

1 下の表は、たかしさんのクラスの男子のななめけんすいの記録です。　教93ページ

100点(1つ10)

ななめけんすいの記録

番号	回数(回)	番号	回数(回)
①	28	⑪	33
②	58	⑫	20
③	27	⑬	34
④	32	⑭	51
⑤	48	⑮	9
⑥	33	⑯	38
⑦	12	⑰	41
⑧	18	⑱	62
⑨	31		
⑩	42		

ななめけんすいの記録

回数(回) 以上　未満	人数(人)
0 ～ 10	㋐
10 ～ 20	㋑
20 ～ 30	㋒
30 ～ 40	㋓
40 ～ 50	㋔
50 ～ 60	㋕
60 ～ 70	㋖
合　計	18

① ななめけんすいの回数を 10 回ごとに区切り、それぞれの階級に入る人数を右の表にかきましょう。

② 20 回以上 30 回未満の男子はクラスに何人いるでしょうか。

(　　　　　)

③ 回数の多いほうから 7 番めの男子は、どの階級に入るでしょうか。

(　　　　　)

④ 30 回以上 40 回未満の人は、クラスの男子の人数の約何 % でしょうか。
四捨五入して上から 2 けたの概数で求めましょう。

(　　　　　)

きほんの
ドリル
33。

時間 15分 ｜ 合格 80点 ｜ /100

月　日

サクッと
こたえ
あわせ
答え 87ページ

6　データの見方
度数分布表と柱状グラフ
……(2)

[散らばりの特ちょうは、柱状グラフにすると、とらえやすくなります。]

1 下の表は、野球クラブの児童の 50 m 走の記録を調べ、度数分布表にまとめたものです。

📖教94ページ**4**　100点(①10、②1つ15)

50 m 走の記録

番号	記録(秒)	番号	記録(秒)	番号	記録(秒)
①	8.5	⑦	8.6	⑬	10.1
②	9.2	⑧	9.1	⑭	9.1
③	8.0	⑨	8.7	⑮	9.3
④	9.0	⑩	8.2	⑯	8.5
⑤	9.1	⑪	7.8		
⑥	9.5	⑫	8.1		

50 m 走の記録

記録(秒)	人数(人)
7.5 以上 ～ 8.0 未満	1
8.0 ～ 8.5	3
8.5 ～ 9.0	4
9.0 ～ 9.5	6
9.5 ～ 10.0	1
10.0 ～ 10.5	1
合 計	16

① 度数分布表のデータを、柱状グラフに表しましょう。

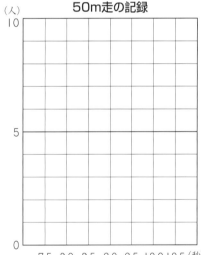

② 下の表の㋐、㋒、㋔にあてはまる平均値、最ひん値、中央値を、四捨五入して上から2けたの概数で表しましょう。また、㋑、㋓、㋕には、それぞれの代表値が入る階級を書きましょう。

	代表値	階　級	
平均値	㋐　　　　秒	㋑　　　秒以上	秒未満
いちばん多い値 (最ひん値)	㋒　　　　秒	㋓　　　秒以上	秒未満
まん中の値 (中央値)	㋔　　　　秒	㋕　　　秒以上	秒未満

まとめの
ドリル
34。 6 データの見方

時間 15分 | 合格 80点 | /100

月 日

サクッと
こたえ
あわせ

答え 87ページ

1 下の表は、あるクラスの男子の反復横とびの記録です。 100点（③20、その他1つ10）

反復横とびの記録

番号	回数(回)	番号	回数(回)
①	37	⑪	41
②	36	⑫	38
③	40	⑬	42
④	46	⑭	49
⑤	35	⑮	43
⑥	51	⑯	36
⑦	41	⑰	40
⑧	30		
⑨	32		
⑩	44		

反復横とびの記録

回数(回)	人数(人)
以上　　未満	
30 ～ 35	⑦
35 ～ 40	⑦
40 ～ 45	⑦
45 ～ 50	⑦
50 ～ 55	⑦
合　計	17

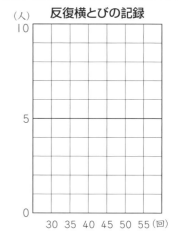

(人) 反復横とびの記録
10

5

0
　　30 35 40 45 50 55 (回)

① 反復横とびの回数を5回ごとに区
切り、度数分布表に整理しましょう。
また、柱状グラフに表しましょう。

② 最も度数が多いのはどの階級でしょうか。

(　　　　　　　　)

③ 40回以上45回未満の人は、クラス全体の人数の約何％でしょうか。
四捨五入して上から2けたの概数で求めましょう。

(　　　　)

④ クラスの記録の平均値は、どの階級に入るでしょうか。

(　　　　　　　　)

教科書 88～103ページ

7　円の面積　……(1)

1 右の図で方眼の数を数えて、半径が6cmの円のおよその面積を調べます。

　□にあてはまる数を書きましょう。　📖教108ページ❶

40点(1つ5)

① ■…形の内側に完全に入っている方眼は、

　^ア□個…^イ□cm²

　◥…一部が形にかかっている方眼は、

　^ウ□個…半分と考えて^エ□cm²

　円の 1/4 の面積は、　約^オ□cm²

　円の面積は　　　約^カ□cm²

② ①で求めた円の面積は、1辺が6cmの正方形の

　面積^キ□cm²の約^ク□倍です。

　なお、⑦は四捨五入して上から2けたの概数で求めましょう。

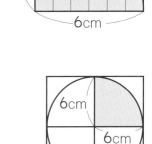

6cm

6cm
6cm

2 下の図のように、円を半径で等分して並べかえた形を長方形と考えます。

　□にあてはまる言葉や数を書きましょう。　📖教112～113ページ❷　　60点(1つ12)

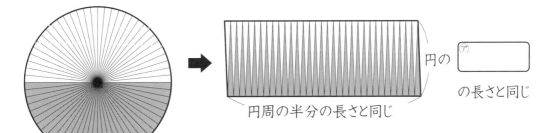

円の^ア□ の長さと同じ

円周の半分の長さと同じ

　このとき、円の半径を8cmとすると、長方形の縦の長さは^イ□cm、

長方形の横の長さは直径×円周率÷2で、16×3.14÷2＝^ウ□ なので、

長方形の面積は8×25.12＝^エ□

円の面積は^オ□cm² です。

7　円の面積 ……(2)
円の面積の公式を使って ……(1)

[円の面積＝半径×半径×円周率]

1 下のような円の面積を、公式を使って求めましょう。　📖教114ページ②

60点(式10・答え10)

①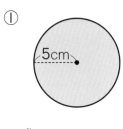

5cm

式

答え（　　　　　　）

②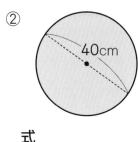

40cm

半径
＝直径÷2
ですね。

式

答え（　　　　　　）

✎よく読んで！

③　円周の長さが 6.28cm の円の面積は何 cm² でしょうか。

式

答え（　　　　　　）

[中心の角度から、円の面積の何分の1にあたるか考えます。]

2 右のような図形の面積を求めましょう。　📖教115ページ③

　□にあてはまる数を書きましょう。

40点(1つ8)

　右の図形の角Aの大きさは 90° で、円全体の中心の角

度は 90° の4個分だから、右の図形の面積は半径

10cm の円を ⑦□ 分の1にしたものです。

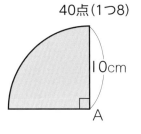

10cm

A

式 ⑦□ × ⑦□ × 3.14 × $\frac{1}{4}$ = ⑦□

答え ⑦□ cm²

教科書 📖 114～115ページ

7　円の面積　　　　　　　……(3)
円の面積の公式を使って　　　……(2)

サクッと
こたえ
あわせ

答え 88ページ

[図形を組み合わせた形の面積は、それぞれの図形の和や差から求めることができます。]

1 次のような図の、色がついた部分の面積を求めましょう。　📖教116〜117ページ

100点(式15・答え10)

①

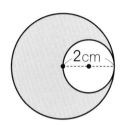

式

答え（　　　　　）

②

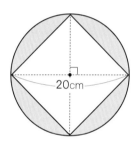

式

答え（　　　　　）

③

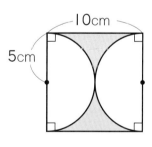

式

答え（　　　　　）

④

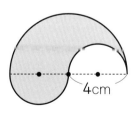

式

答え（　　　　　）

8 比例と反比例
比例

[2つの数量 x、y があって、x の値が□倍になると、それにともなって y の値も□倍になるとき、「y は x に比例する」といいます。]

1 下の表は、直方体の形をした水そうに水を入れたときの深さを、1分ごとに調べたものです。 教122〜125ページ1　　40点(1つ10)

時間 x（分）	1	2	3	4	5	6	7	8	9	10
水の深さ y(cm)	4	8	12	16	20	24	28	32	36	40

① 時間が1分増えると、水の深さはどのように変わるでしょうか。

（　　　　　　　　）

② 時間が2倍、3倍、……になると、水の深さはどのように変わるでしょうか。

（　　　　　　　　）

③ 時間が $\frac{1}{2}$ 倍、$\frac{1}{3}$ 倍、……になると、水の深さはどのように変わるでしょうか。

（　　　　　　　　）

④ 水の深さは時間に比例するといえるでしょうか。

（　　　　　　　　）

2 下の表は、ともなって変わる2つの量について、一方の量が変わるときの、もう一方の量の変わり方を調べたものです。

2つの量が比例しているかどうか答えましょう。 教122〜125ページ1　　60点(1つ20)

あ 水のかさとバケツの重さ

水のかさ（L）	1	2	3	4	5	6
重さ （kg）	2	3	4	5	6	7

（　　　　　　　　）

い くぎの本数と重さ

本　数　（本）	1	2	3	4	5	6
重さ （g）	6	12	18	24	30	36

（　　　　　　　　）

う ろうそくを燃やした時間と残りの長さ

時間 （分）	1	2	3	4	5	6
長さ （cm）	6	5.5	5	4.5	4	3.5

（　　　　　　　　）

時間 15分 ｜ 合格 80点 ｜ /100 ｜ 月　　日

サクッと こたえ あわせ

8　比例と反比例

比例の式　　　　　　　　　　……(1)

答え **88**ページ

[y が x に比例するとき、x と y の関係は、y＝きまった数×x の式で表すことができます。]

1 下の表は、直方体の形をした水そうに水を入れたときの深さを、１分ごとに調べたものです。この表を見て答えましょう。　📖数128～130ページ**2**　　40点(1つ10)

時間　　　x（分）	1	2	3	4	5	6	7	8	9	10	
水の深さ　y(cm)	3	6	9	12	15	18	21	24	27	30	

① 水の深さを表す値は、時間を表す値の何倍になっていますか。

（　　　　　　　　　　　）

② 水の深さを表す値をそのときの時間を表す値でわった商は、どんな数でしょうか。言葉で答えましょう。

（　　　　　　　　　　　）

③ 水を入れる時間を x 分、それに対応する水の深さを y cm として、x と y の関係を式に表しましょう。

（　　　　　　　　　　　）

④ 18分間水を入れたとき、水の深さは何 cm になるでしょうか。

（　　　　　　　　　　　）

2 下の表は、画びょうの個数と重さが比例しているようすを表したものです。

📖数131ページ　60点(1つ12)

個数　　x（個）	10	20	30	ⓘ	50	60	
重さ　　y（g）	ⓐ	10	15	20	ⓒ	30	

① 上の表のあいているところに、あてはまる数を書きましょう。

② x と y の関係を式に表しましょう。

（　　　　　　　　　　　）

③ この画びょう 100 個の重さは何 g でしょうか。

（　　　　　　　　　　　）

8　比例と反比例
比例の式　　　　　　　　　　　　……(2)

[比例の関係を使うと簡単に調べることができるものがあります。]

❶ くぎが 4680 g あります。これを 1 本ずつ数えずに、全部で何本あるかを調べます。くぎ 10 本分の重さを調べると 18 g であったことを使って、くぎの全部の本数を求めましょう。　📖教128ページ❷　　　　　　　　　90点(1つ6)

求め方 1

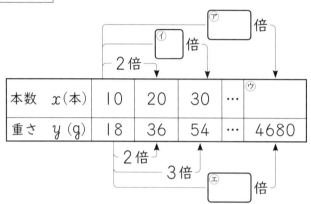

本数　x(本)	10	20	30	…	㋒
重さ　y(g)	18	36	54	…	4680

重さが 18 g の 260 倍になると、くぎの本数も 10 本の ㋔ 倍になります。

答え ㋕ 本

求め方 2

本数　x(本)	10	20	30	…	㋙
重さ　y(g)	18	36	54	…	4680

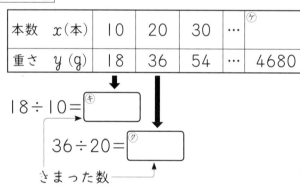

$18÷10=$ ㋖

$36÷20=$ ㋘

きまった数

y の値は、$y=1.8×$ ㋚ で求められるので、

$4680=$ ㋛ $×x$

$x=$ ㋜ $÷$ ㋝

$=$ ㋞

答え ㋟ 本

❷ 紙の束が 576 g あります。これが何枚あるか調べるため、10 枚、20 枚、30 枚の重さをはかりました。この結果から、紙の束全部の枚数を求めましょう。
　📖教131ページ　10点

枚数　x(枚)	10	20	30	…	
重さ　y(g)	12	24	36	…	576

答え (　　　　　　　)

8　比例と反比例
比例のグラフ

……(1)

[比例する2つの数量の関係を表すグラフは、0の点を通る直線になります。]

1 下の表は、直方体の形をした水そうに水を入れるときの、水を入れる時間と水の深さの関係を表しています。　📖教132〜134ページ❸

時　間　x（分）	1	2	3	4	5	6	7	8	9	10
水の深さ y（cm）	4	8	12	16	20	24	28	32	36	40

① 水を入れる時間と、それに対応する水の深さを表す点を、下のグラフにとりましょう。

40点

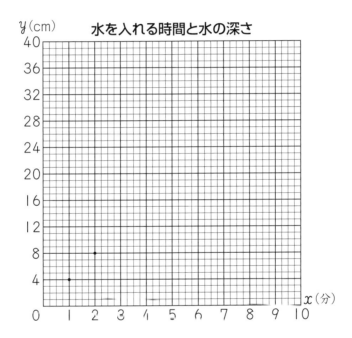

水を入れる時間と水の深さ

② 上の関係について、下の表のあいているところに、あてはまる数を書きましょう。

25点（1つ5）

時　間　x（分）	0	0.5	1.5	2.5	3.5
水の深さ y（cm）	㋐	㋑	㋒	㋓	㋔

③ ②の点も上のグラフにかいて、①、②の点を結びましょう。
30点（1つ5）

④ 上のグラフを見て、水を入れる時間が8.5分のときの、水の深さは何cmになるか調べましょう。　5点

（　　　　　　）

グラフは0の点を通る直線になるね。

8　比例と反比例

比例のグラフ　　　　　　　　……(2)

[2つの比例のグラフを比べて、変わり方のようすのちがいをよみ取ることができます。]

❶ 下のグラフは、電車と自動車が同時に出発してからの時間 x 時間と進む道のり y km の関係を表しています。　📖教135ページ❹

100点(1つ25)

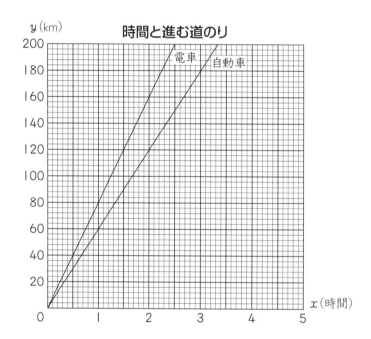

時間と進む道のり

① 自動車が3時間で進む道のりを求めましょう。

(　　　　　　)

② 電車が120km進むのにかかる時間を求めましょう。

(　　　　　　)

③ グラフを見て、電車と自動車の時速をそれぞれ求めましょう。

電車(　　　　　)　自動車(　　　　　)

時間 15分 | 合格 80点 | /100

月　日

サクッと
こたえ
あわせ

答え 89ページ

8　比例と反比例
反比例

┌ 2つの数量 x と y があって、x の値が2倍、3倍、……になると、それにともなって y の値が ┐
│ $\frac{1}{2}$ 倍、$\frac{1}{3}$ 倍、……になるとき、「y は x に反比例する」といいます。 ┘

1 下の表は、72枚の折り紙を子どもたちに同じ枚数ずつ分けるときの、子どもの人数と、1人分の枚数の関係を表したものです。下の表を見て、次の□にあてはまる数を書きましょう。　📖教136〜137ページ❺

40点(1つ10)

子どもの人数　x(人)	1	2	3	4	6	8
1人分の枚数　y(枚)	72	36	24	18	12	9

① 子どもの人数が2倍、3倍、4倍、……になるとき、それにともなって1人分の

枚数は、⑦□倍、⑦□倍、⑦□倍、……になります。

② 子どもの人数が12人のときの、1人分の枚数は ⑦□ 枚です。

2 下の表は、面積が36 cm² の平行四辺形をかくときの、底辺の長さと高さの関係を表したものです。表のあいているところに、あてはまる数を書きましょう。

📖教136〜137ページ❺　40点(1つ10)

底辺　x(cm)	1	2	⑦	4	⑦
高さ　y(cm)	36	⑦	12	⑦	6

底辺が2倍になると、
高さは□倍になって…

3 次の x と y が反比例しているものはどれでしょうか。番号をすべて書きましょう。

📖教137ページ④　20点

①
x	1	2	3	4
y	30	15	10	7.5

②
x	1	2	3	4	5
y	20	16	12	8	4

③
x	1	2	4	8	10
y	40	20	10	5	4

④
x	1	2	3	4
y	3	6	9	12

(　　　　　)

8 比例と反比例
反比例の式とグラフ

時間 **15**分　合格 **80**点　／**100**　月　日

……（1）

答え **89** ページ

サクッと
こたえ
あわせ

[y が x に反比例するとき、$y =$ きまった数 $÷ x$　の式に表すことができます。]

① 下の表は、面積が 48 cm² の平行四辺形の底辺の長さと高さの関係を表したものです。下の問題に答えましょう。　📖教138〜139ページ**⑥**　　80点(1つ10)

底辺　x(cm)	㋐	2	3	㋒		6	
高さ　y(cm)	48	24	㋑		12	8	

① 表のあいているところに、あてはまる数を書きましょう。

② 表を見て、次の□にあてはまる数や言葉を書きましょう。

平行四辺形の面積を求める公式は ㋓ [　　　] × ㋔ [　　　] であり、

この平行四辺形の面積は ㋕ [　　] cm² です。

③ 底辺の長さを x cm、高さを y cm として、x と y の関係を式に表しましょう。

（　　　　　　　　　）

④ ③の式を利用して、底辺の長さが 16 cm のときの高さを求めましょう。

（　　　　　　　　　）

② 240 ページの本を、1 日に x ページずつ、y 日間で読むとします。下の表は、ページ数と日数の関係を表したものです。　📖教139ページ**⑥**　　10点(1つ5)

ページ数　x(ページ)	10	15	20	30	40	
日数　　y（日）	24	16	12	8	6	

① ページ数と日数は、どのような関係にあるでしょうか。

（　　　　　　　　　）

② x と y の関係を式に表しましょう。　　（　　　　　　　　　）

③ 次の①、②について、それぞれ x と y の関係は比例と反比例のどちらでしょうか。また、x と y の関係を式に表しましょう。　📖教139ページ**⑥**　　10点(1つ5)

① 30 本のペンを x 人で分けるときの、1 人分のペンの本数 y 本

（　　　　　　　） 式（　　　　　　　　　）

② 1 辺 x cm のひし形の周りの長さ y cm

（　　　　　　　） 式（　　　　　　　　　）

教科書 📖 **138〜139ページ**

きほんの
ドリル
45。

8 比例と反比例
反比例の式とグラフ ……(2)

[反比例する2つの数量を表すグラフは、0の点を通らない曲線になります。]

1 下の表は、バケツに10Lの水を入れるとき、1分間に入れる水の量 x L とバケツをいっぱいにするのにかかる時間 y 分の関係を表しています。 📖教140〜141ページ**7**

100点(①1つ10、②10、③40)

水の量 x(L)	1	1.5	2	2.5	3	3.5	4	4.5	5	6	7	8	9	10
時間 y(分)	10	6.7	5	4	3.3	2.9	㋐	㋑	㋒	㋓	㋔	1.3	1.1	1

① 上の表のあいているところに、あてはまる数を書きましょう。

わりきれないときは、四捨五入して、$\dfrac{1}{10}$ の位まで求めましょう。

② x と y の関係を式に表しましょう。

( )

③ 1分間に入れる水の量 x L と、それに対応するバケツをいっぱいにするのにかかる時間 y 分について、x の値と y の値の組を表す点を下のグラフにとりましょう。

点はどのように並ぶかな。

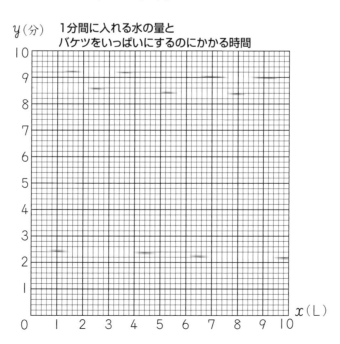

y(分)　1分間に入れる水の量と
バケツをいっぱいにするのにかかる時間

8 比例と反比例 ……(1)

1 50Lの水が入る水そうがあります。　　　　　55点(1つ5)

① この水そうに、1分間に5Lの水を入れます。水を入れる時間を x 分、たまる水の量を y L として、x と y の関係を式に表しましょう。

（　　　　　　　　　　）

② 下の表のあいているところに、あてはまる数を書きましょう。

時間　x(分)	㋐	2	㋒	5	6	㋕	㋖	10
水の量　y(L)	5	㋑	15	㋓	㋔	40	45	㋗

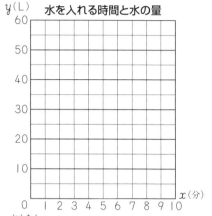

水を入れる時間と水の量

③ 上の表は、10分までしかありません。その理由を簡単に書きましょう。

（　　　　　　　　　　　　　　　　　　　　　　　　　　　　　）

④ 水を入れる時間 x 分と、たまる水の量 y L の関係を上のグラフに表しましょう。

2 体積が 60cm³、高さが5cmの直方体があります。　　　　45点(1つ5)

① この直方体の底面の縦と横の長さについて、下の表のあいているところに、あてはまる数を書きましょう。

縦　x(cm)	1	2	㋒	6	8	10
横　y(cm)	㋐	㋑	4	㋓	㋔	㋕

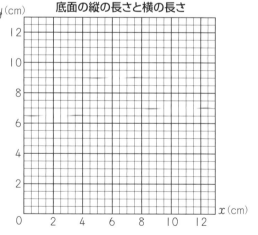

体積が60cm³、高さが5cmの直方体の
底面の縦の長さと横の長さ

② 縦の長さを x cm、横の長さを y cm として、x と y の関係を式に表しましょう。

（　　　　　　　　　　）

③ 縦の長さが 15cm のとき、横の長さを求めましょう。

（　　　　　　　　　　）

④ ①の表の x の値と y の値の組を表す点を、上のグラフにとりましょう。

教科書 122～142ページ

まとめの
ドリル
47.

時間 15分 | 合格 80点 | /100

月　日

サクッと
こたえ
あわせ

答え 89ページ

8　比例と反比例　　……(2)

1 次の①から④で、x と y が比例するものには○、反比例するものには△を（ ）に書きましょう。また、x と y の関係を式に表しましょう。　　40点(1つ5)

①　面積が 10cm² の直角三角形の、直角の角をはさむ 2辺の長さ x cm と y cm

（　　　）式（　　　　　　　　　）

②　鉄のかたまり 1cm³ の重さが 7.9g のとき、鉄のかたまり x cm³ と重さ y g

（　　　）式（　　　　　　　　　）

③　6L のジュースを x 人で分けるときの、1人分のジュースの量 y L

（　　　）式（　　　　　　　　　）

④　リボンを 20 等分するときの、1つ分の長さ x cm とリボン全体の長さ y cm

（　　　）式（　　　　　　　　　）

⚠️ミスに注意!
2 底辺の長さが 12cm の三角形があります。

①　三角形の高さを x cm、それに対応する面積を y cm² として、下の表のあいているところに数を書きましょう。　　30点(1つ5)

高さ　x(cm)	1	2	3	⑰	㋒	8
面積　y(cm²)	6	㋐	㋑	24	36	㋩

②　x と y の関係を式に表しましょう。

（　　　　　　　　　）

3 40L の水が入る水そうに水を入れます。　　30点(1つ5)

①　1分間に入れる水の量を x L、水そうをいっぱいにするのにかかる時間を y 分として、下の表のあいているところに数を書きましょう。

水の量　x(L)	1	2	4	⑰	8	㋩
時間　y(分)	㋐	㋑	10	8	㋒	4

②　x と y の関係を式に表しましょう。

（　　　　　　　　　）

教科書 📖 122〜142ページ

9 角柱と円柱の体積 ……(1)

[角柱の体積＝底面積×高さ]

1 右の角柱の体積を求めます。　📖教147～148ページ**1**　20点(式5・答え5)

① 底面積は何 cm² でしょうか。

式

答え（　　　　　　）

② 体積を求めましょう。

式

答え（　　　　　　）

18cm　20cm　15cm

2 下の角柱の体積を求めましょう。　📖教148～149ページ**2**　80点(式10・答え10)

①

3cm　4cm　2cm

式

答え（　　　　　）

②

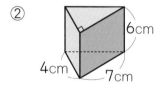

6cm　4cm　7cm

式

答え（　　　　　）

③

10cm　12cm　17cm　23cm

式

答え（　　　　　）

④

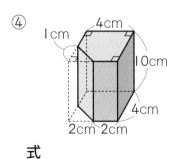

1cm　4cm　10cm　4cm　2cm　2cm

式

答え（　　　　　）

きほんの
ドリル

9 角柱と円柱の体積 ……(2)

時間 15分　合格 80点　/100

月　日

サクッと
こたえ
あわせ

答え 90ページ

[円柱の体積＝底面積×高さ]

1 右の円柱の体積を求めます。　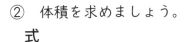 教150ページ**3**

40点（式10・答え10）

① 底面積は何 cm² でしょうか。

式

答え（　　　　　　）

② 体積を求めましょう。

式

答え（　　　　　　）

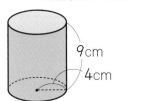

2 下の円柱の体積を求めましょう。　教151ページ③、④

60点（式10・答え10）

①

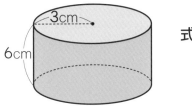

式

答え（　　　　　　）

②

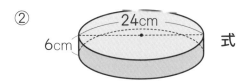

式

答え（　　　　　　）

③

8cm　12cm

式

答え（　　　　　　）

まとめの
ドリル
50.

時間 15分　合格 80点　／100

月　日

サクッと
こたえ
あわせ
答え 90ページ

9　角柱と円柱の体積

1 次のような角柱や円柱の体積を求めましょう。　80点（式10・答え10）

①
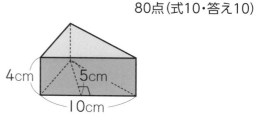
2.5cm
1.5cm
2cm

式

答え（　　　　　　）

②
5cm
4cm
10cm

式

答え（　　　　　　）

③
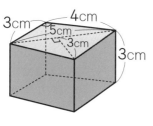
3cm　4cm
5cm　3cm
3cm

式

答え（　　　　　　）

④
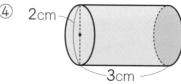
2cm
3cm

式

答え（　　　　　　）

2 次のような立体の体積を求めましょう。　20点（1つ10）

①
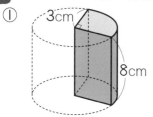
3cm
8cm

（　　　　　　）

②
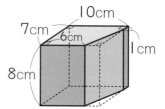
10cm
7cm
6cm
1cm
8cm

（　　　　　　）

教科書 146〜152ページ

10 比
比と比の値

[2つの量が2と3の割合のとき、2：3と表すことがあります。]

1 ミルクとコーヒーの量の割合を比で表しましょう。 📖教157〜158ページ**1** 40点(1つ10)

ミルク…M　　　コーヒー…C

①

②

(　1 : 2　)　　　　　　　　　(　　　　　)

③

④

(　　　　　)　　　　　　　　(　　　　　)

2 次の2つの量の割合を比で表しましょう。また、比の値を求めましょう。

📖教157〜158ページ**1** 20点(1つ5)

① 5cm の黒いリボンと4cm の白いリボン

比 (　　　　　)　　比の値 (　$\frac{5}{4}$　)

② 400mL のリンゴジュースと 800mL のグレープフルーツジュース

比 (　　　　　)　　比の値 (　　　　　)

3 次の2つの比が等しいかどうか調べましょう。 📖教159ページ◇ 40点(1つ10)

① 2：5と8：20　　　　　　② 4：5と16：25

(　　　　　)　　　　　　　　(　　　　　)

③ 3：7と14：6　　　　　　④ 10：18と5：9

(　　　　　)　　　　　　　　(　　　　　)

教科書 📖 156〜159ページ

10 比
比の性質

[a：bの、aとbに同じ数をかけたり、aとbを同じ数でわったりしてできる比は、a：bと等し
くなります。]

1 等しい比の間の関係を調べます。

□にあてはまる数を書きましょう。　160ページ**2**　　20点(1つ5)

① 1：3＝3：9

$$\times \boxed{\text{ア}}$$

$$1：3＝3：9$$

$$\times \boxed{\text{イ}}$$

② 6：10＝3：5

$$\div \boxed{\text{ウ}}$$

$$6：10＝3：5$$

$$\div \boxed{\text{エ}}$$

2 次の比と等しい比を2つずつつくりましょう。　📖教160ページ◇　20点(1つ5)

① 2：10　　　　　　　② 6：9

(　　　　) (　　　　) 　 (　　　　) (　　　　)

3 次の比を簡単にしましょう。　📖教161ページ④、162ページ⑤　60点(1つ12)

① 18：24　　　　② 1.5：3

 10倍して
整数の比
で表すと…。

(　　　　) 　　 (　　　　)

③ 0.12：1.2　　　④ $\frac{1}{6}：\frac{5}{18}$　　　⑤ $\frac{1}{4}：\frac{4}{3}$

(　　　　) 　 (　　　　) 　 (　　　　)

教科書 📖 160〜162ページ

きほんの
ドリル
53。

10 比
比を使って

$[a : b = (a \times c) : (b \times c) \qquad a : b = (a \div c) : (b \div c)]$

1 縦と横の長さの比が3：5になるように長方形の旗を作ります。横の長さを70cmにするとき、縦の長さは何cmにすればよいでしょうか。　📖教163〜164ページ**5**

60点(1つ10)

① 縦の長さを□cmとします。
㋐、㋑、㋒の順に、あてはまる数を書きましょう。

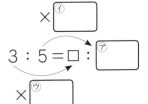

$3 : 5 = \square : \boxed{㋐}$

$\times \boxed{㋑}$

$\times \boxed{㋒}$

5×㋑＝㋐
だから、㋑は…

② □にあてはまる数を求めましょう。

$\square = 3 \times \boxed{㋓}$

$= \boxed{㋔}$

答え $\boxed{㋕}$ cm

2 縦と横の長さの比が5：8となる長方形を作ります。横の長さを40cmにするとき、縦の長さは何cmにすればよいでしょうか。　📖教164ページ**6**

10点

(　　　　　　　)

3 当たりくじとはずれくじの比が2：13になるようにくじを作ります。くじの数を全部で90個にするとき、はずれくじの数は何個にすればよいでしょうか。

📖教165ページ**6**　15点

(　　　　　　　)

4 兄と弟で、金額の比が10：7となるようにお金を出しあって、ボールを買います。ボールの値段が1360円のとき、弟は何円出せばよいでしょうか。

📖教165ページ**8**　15点

(　　　　　　　)

きほんの
ドリル
54。

11 拡大図と縮図 ……(1)

時間 15分	合格 80点	/100

月　日

サクッと
こたえ
あわせ

答え 91ページ

［拡大図、縮図では、対応する辺の長さの比や角の大きさは等しくなっています。］

❶ あはいの縮図です。□にあてはまる数を書きましょう。　📖教171〜173ページ

10点(1つ2)

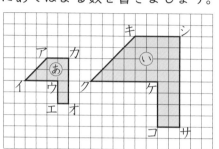

対応する辺イウと辺クケの長さを比で表すと、辺イウ：辺クケ＝ ⑦□ ： ⑦□ です。

また、比の値で表すと ⑦□ ですから、あはいの ⑦□ 倍です。

辺ウエの長さが16cmのとき、辺ケコの長さは ⑦□ cmです。

❷ 右の図の4倍の拡大図をかきます。　📖教173ページ

このとき、辺AB、辺CDに対応する辺の長さと角
Bに対応する角の大きさは、それぞれいくつになる
でしょうか。

45点(1つ15)

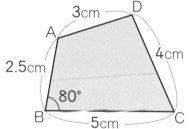

辺ABに対応する辺の長さ　（　　　　　）

辺CDに対応する辺の長さ　（　　　　　）

角Bに対応する角の大きさ　（　　　　　）

❸ 右の図の $\frac{1}{3}$ の縮図をかきます。　📖教173ページ

このとき、辺AC、辺BCに対応する辺の長さと角
Bに対応する角の大きさは、それぞれいくつになる
でしょうか。

45点(1つ15)

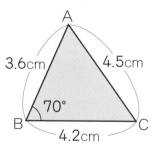

辺ACに対応する辺の長さ　（　　　　　）

辺BCに対応する辺の長さ　（　　　　　）

角Bに対応する角の大きさ　（　　　　　）

教科書 📖 170〜173ページ

きほんの
ドリル
55。

時間 15分 ｜ 合格 80点 ｜ /100 ｜ 月　日

サクッと
こたえ
あわせ

答え 91 ページ

11　拡大図と縮図
拡大図と縮図のかき方 ……(2) ……(1)

[方眼を使って拡大図をかくことができます。]

❶ あの図の2倍の拡大図をかきましょう。　📖教175ページ◇　　30点

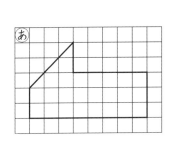 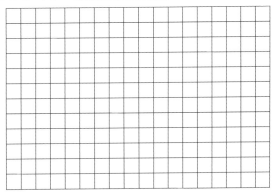

[拡大図、縮図は、合同な図形と同じようにしてかくことができます。]

❷ 三角形の拡大図、縮図についてまとめました。

　□にあてはまる言葉や数を書きましょう。　📖教176〜177ページ❸　30点(1つ10)

　拡大図、縮図は、⑦□な図形と同じようにしてかくことができます。

　3倍の拡大図は、角の大きさは⑦□で、対応する辺の長さが

　⑦□倍になるようにかきます。

❸ 下の三角形アイウの2倍の拡大図をかきましょう。　📖教176〜177ページ❸　20点

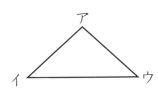 

❹ 下の三角形アイウの $\frac{1}{2}$ の縮図をかきましょう。　📖教176〜177ページ❸、177ページ◇

20点

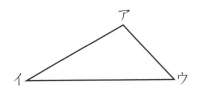 

教科書 📖 174〜177ページ

時間 15分 | 合格 80点 | /100 | 月　日

サクッと
こたえ
あわせ

答え 91ページ

11 拡大図と縮図 ……(3)
拡大図と縮図のかき方 ……(2)

[ある頂点を中心にして拡大図や縮図をかくことができます。]

1 下の三角形ABCを、頂点Aを中心にして2倍にした拡大図をかきましょう。

教178ページ**4**　30点

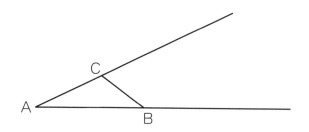

2 下の四角形ABCDを、頂点Aを中心にして2倍にした拡大図をかきましょう。

教179ページ**5**　30点

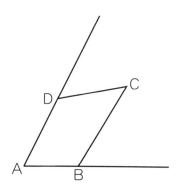

対角線で分けて、
2つの三角形の
組み合わせと考えると、
頂点Cに対応する
頂点を決めることができます。

3 下の四角形ABCDを、頂点Aを中心にして $\frac{1}{2}$ にした縮図をかきましょう。

教179ページ④　40点

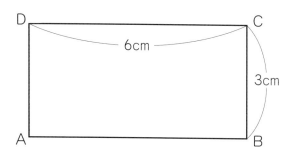

左の図に重ねてかこう。

教科書 178〜180ページ

きほんの ドリル 57。

活用

11 拡大図と縮図
縮図の利用

……(4)

時間 15分 | 合格 80点 | /100

月　　日

サクッと こたえ あわせ

答え 92ページ

① 次の図は、建物とそのしき地を縮図で表したものです。 📖教181ページ7 60点(1つ20)

①　ABの実際の長さは60mです。この縮図で 1cmの長さは、実際には何mになるでしょうか。

（　　　　　　　）

②　この縮尺は、実際の長さの何分の1に縮めているでしょうか。

（　　　　　　　）

③　建物の周りの実際の長さは何mでしょうか。

（　　　　　　　）

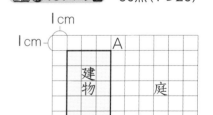

単位に 気をつけて！

② 木の高さをはかるために、木から10mはなれたところに立って木の先を見上げ、角ウの大きさをはかったところ30°でした。 📖教182ページ②、183ページ③ 40点(1つ20)

①　10mを5cmとして、$\frac{1}{200}$ の縮図をかきましょう。

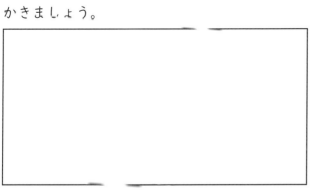

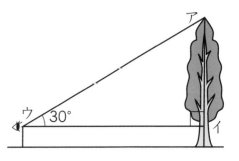

②　はかる人の目の高さから木の先までの高さアイが、①の縮図で約2.9cmになったとします。地面からはかる人の目までの高さは1.4mです。実際の木の高さはおよそ何mでしょうか。

（　　　　　　　）

57

教科書 📖 181〜183ページ

11 拡大図と縮図

1 右のような平行四辺形の2倍の拡大図では、辺BC、辺CDに対応する辺の長さ、角Dに対応する角の大きさは、それぞれいくつになるでしょうか。

30点(1つ10)

辺BCに対応する辺の長さ （　　　　　　）

辺CDに対応する辺の長さ （　　　　　　）

角Dに対応する角の大きさ （　　　　　　）

2 下の三角形ABCの $\frac{1}{3}$ の縮図をかきましょう。　　　　20点

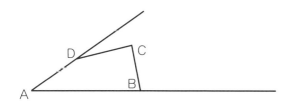

3 下の四角形ABCDを、頂点Aを中心にして2倍にした拡大図をかきましょう。

20点

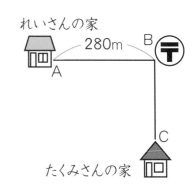

4 右の図は、れいさんの家とたくみさんの家と郵便局の位置を縮図で表したものです。

この縮図ではABの長さが2.8cm、BCの長さが2.1cmです。

BCの実際のきょりは何mでしょうか。　30点

れいさんの家

280m B 〒

A

C

たくみさんの家

（　　　　　　）

教科書 170〜183ページ

時間 15分 ／ 合格 80点 ／100

月 日

サクッと
こたえ
あわせ

答え 92ページ

およその面積と体積
およその面積

[正確には円や多角形ではない形を、円や多角形とみて、およその面積を求めることができます。]

1 右のような水たまりのおよその面積を求めましょう。 📖教187～188ページ

40点（①10、②式15・答え15）

① 右の水たまりは、およそどんな形とみることが
できるでしょうか。

（　　　　　　　　）

② 水たまりのおよその面積を求めましょう。

式

答え （約　　　　　　　）

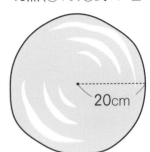

20cm

2 右のような形をした土地を台形とみて、およその
面積を求めましょう。 📖教187～188ページ

30点（式15・答え15）

式

答え （　　　　　　　）

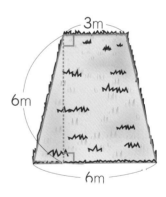

3m
6m
6m

3 右のような形をした池を $\frac{1}{2}$ の円と長方形を組み合わせた形とみて、およその面積
を求めましょう。 📖教187～188ページ

30点（式15・答え15）

式

答え （　　　　　　　）

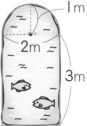

1m
2m
3m

教科書 📖 187～188ページ

きほんのドリル
60.

およその面積と体積
およその体積

サクッと
こたえ
あわせ

答え **92**ページ

[角柱や円柱としてみることによって、およその体積を求めることができます。]

1 右のような形をしたのり巻きがあります。　📖教189ページ　　40点(1つ20)

① 縦15cm、横6cm、高さ5cmの四角柱とみて、およその体積を求めましょう。

（　　　　　　　　　　）

② 底面の直径6cm、高さ15cmの円柱とみて、およその体積を求めましょう。

（　　　　　　　　　　）

2 右のような形をしたビルがあります。　📖教189ページ◈　　30点(1つ15)

① およそどんな形とみることができるでしょうか。

（　　　　　　　　　　）

② およその体積を求めましょう。

（　　　　　　　　　　）

30m

60m

3 右のような形をした岩があります。　📖教189ページ◈　　30点(1つ15)

① およそどんな形とみることができるでしょうか。

（　　　　　　　　　　）

② およその体積を求めましょう。

（　　　　　　　　　　）

4m

4m

2m

教科書 📖 **189**ページ

時間 15分　合格 80点 ／100　月　日

サクッと
こたえ
あわせ
答え 92ページ

データの見方／円の面積／比例と反比例

⭐ **1** 下の表は、1組の男子のソフトボール投げの記録です。　36点(1つ9)

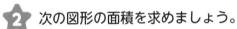
ソフトボール投げの記録

番号	きょり(m)	番号	きょり(m)	番号	きょり(m)
①	31	⑥	39	⑪	31
②	19	⑦	40	⑫	34
③	33	⑧	36	⑬	30
④	29	⑨	25	⑭	34
⑤	28	⑩	35	⑮	34

ソフトボール投げの記録

きょり(m)	人数(人)
15 以上 ～ 20 未満	
20　～25	
25　～30	
30　～35	
35　～40	
40　～45	
合　計	

① 1組の男子のデータを度数分布表に整理しましょう。

② ⑧平均値、⑩最ひん値、⑨中央値を求めましょう。⑧は四捨五入して上から2けたの概数で求めましょう。

⑧ (　　　　　) ⑩ (　　　　　) ⑨ (　　　　　)

⭐ **2** 次の図形の面積を求めましょう。　16点(1つ8)

①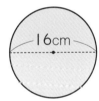
16cm

(　　　　　)

②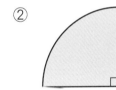
12cm

(　　　　　)

⭐ **3** 下の表は、水そうに水を入れる時間 x 分と、水そうの中の水の量 y L の関係を表しています。　48点(1つ8)

時間　x(分)	1	2	3	⑨	5	6
水の量　y(L)	⑦	14	⑨	28	35	㊤

① 表のあいているところに、あてはまる数を書きましょう。

② x と y の関係を式に表しましょう。　(　　　　　)

③ 水を入れる時間が12分のとき、水の量は何Lでしょうか。

(　　　　　)

角柱と円柱の体積／比／拡大図と縮図

1 次のような角柱や円柱の体積を求めましょう。　　　　30点（1つ10）

①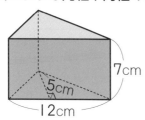
7cm
5cm
12cm

②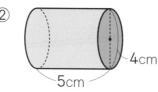
4cm
5cm

③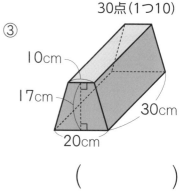
10cm
17cm
20cm
30cm

（　　　　　）　　　（　　　　　）　　　（　　　　　）

2 ☐にあてはまる数を書きましょう。　　　　30点（1つ10）

①　5：6＝☐：48　　②　$\frac{1}{4}$：$\frac{2}{3}$＝☐：8　　③　☐：7＝2.5：0.7

3 長さが 120 cm のひもで長方形を作ります。縦と横の長さの比を 3：5 にするには、縦の長さを何 cm にすればよいでしょうか。　　　　10点

（　　　　　）

4 右の図は、三角形ABCを拡大して三角形ADEをつくったものです。　　30点（1つ10）

①　三角形 ADE は三角形 ABC の何倍の拡大図でしょうか。

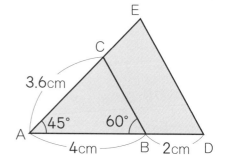
E
C
3.6cm
45° 60°
A
4cm B 2cm D

（　　　　　）

②　次の辺の長さや角の大きさを書きましょう。

辺AE の長さ（　　　　　）　　　角E の大きさ（　　　　　）

QRコード サクッと こたえ あわせ
答え 93ページ

12 並べ方と組み合わせ
並べ方　　　　　　　　　　　　　　……（1）

[並べ方は、図をかいて順序よく調べます。]

1 5、4、3、2の4枚の数字カードがあります。
この数字カードを使って、4けたの整数をつくります。　📖教196〜197ページ

① 整数のつくり方を図で表しましょう。　　　　　　　　　　　30点

```
      3-2
   4 <
      2
5 < 3
   2
```

枝分かれした図を
樹形図といいます。

② できる4けたの整数のうち、3番めに大きい整数を書きましょう。　10点

(　　　　　　)

③ できる4けたの整数は、全部で何通りあるでしょうか。　　10点

(　　　　　　)

2 りょうさん、とおるさん、ゆうきさんの3人でくじを引く順番を決めます。
順番の決め方は全部で何通りあるでしょうか。　📖教197ページ◇　50点

(　　　　　　)

教科書 📖 194〜197ページ

12　並べ方と組み合わせ
並べ方　　　　　　　　　　　　　　　　　　……(2)

[2つを選ぶ並べ方は、はじめに1つを決めて調べていきます。]

❶ ⓪、①、③、⑤の4枚の数字カードがあります。　📖教197ページ◈　　60点(1つ20)
　　この数字カードを1枚ずつ使って、4けたの整数をつくります。

　① できる4けたの整数を全部書きましょう。

　　(1035、1053、1305、1350)

　② できる4けたの整数は、全部で何通りあるでしょうか。

　　　　　　　　　　　　　　　　　　　　　　　　（　　　　　）

　③ できる4けたの整数のうち、いちばん大きい数を書きましょう。

　　　　　　　　　　　　　　　　　　　　　　　　（　　　　　）

❷ たけるさん、よしきさん、はづきさん、かなさん、あやさんの5人の中から、給食係、
図書係を決めます。　📖教198ページ❸　　40点(1つ20)

　① 給食係、図書係の決め方を図で表しましょう。

> はじめに給食係を決めて、
> 次に図書係の決め方を順序よく
> 調べるといいね。

　② 給食係、図書係の決め方は、全部で何通りあるでしょうか。

　　　　　　　　　　　　　　　　　　　　　　　　（　　　　　）

教科書 📖 197〜198ページ

12　並べ方と組み合わせ
組み合わせ ……(1)

答え 93ページ サクッとこたえあわせ

[組み合わせが重ならないようにして全部の場合を調べます。]

❶ A、B、C、Dの4チームでサッカーの試合をします。どのチームとも1回ずつ試合をすることにします。　📖教199〜200ページ

① 試合の組み合わせをすべて書きましょう。　　　　　　　　　30点

A － B

A －

A － BとB － Aは
同じ組み合わせだね。

② 組み合わせは、全部で何通りあるでしょうか。　　　　　　　10点

（　　　　　）

❷ 赤、青、緑、黄、黒の5種類のボールペンがあります。　📖教201〜202ページ

60点(1つ30)

① この中から2色を選んで買います。
組み合わせは、全部で何通りあるでしょうか。

（　　　　　）

② この中から3色を選んで買います。
組み合わせは、全部で何通りあるでしょうか。

（　　　　　）

12　並べ方と組み合わせ

組み合わせ

……(2)

答え 93ページ

サクッと
こたえ
あわせ

[１つを除いて選ぶ組み合わせは、残す１つを選ぶことと同じです。]

❶ 赤、青、黄、緑の４枚の折り紙の中から３枚を選びます。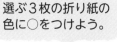

40点(1つ20)

赤	青	黄	緑
○	○	○	

選ぶ３枚の折り紙の
色に○をつけよう。

①　選ぶ折り紙の組み合わせを上の表にかきましょう。

②　組み合わせは、全部で何通りあるでしょうか。

(　　　　　)

❷ ぶどう、りんご、みかんの３種類の果物があります。
この中から２種類を選んでかごに入れます。
果物の組み合わせは、全部で何通りあるでしょうか。　📖教202ページ◈

20点

(　　　　　)

❸ 全部で何通りあるでしょうか。 📖教202ページ◈

40点(1つ20)

①　12人から１人を選ぶときの選び方

(　　　　　　)

②　12人から11人を選ぶときの組み合わせ

(　　　　　　)

教科書 📖 201〜202ページ

12　並べ方と組み合わせ

1 5、6、7、8の数字カードが1枚ずつあります。このカードの中から、3枚を使って3けたの整数をつくります。　　　　　　　　　　　　30点(1つ15)

①　できる3けたの整数は、全部で何通りあるでしょうか。

（　　　　　）

②　できる3けたの整数のうち、2番めに大きい整数を書きましょう。

（　　　　　）

2 コインを投げて、表と裏の出方を調べます。　　　　　　　　　30点(1つ15)

①　10円玉と100円玉を投げます。表と裏の出方は全部で何通りあるでしょうか。

（　　　　　）

②　5円玉、10円玉、100円玉を投げます。表と裏の出方は全部で何通りあるでしょうか。

（　　　　　）

3 右の図のような旗のあからⓊの部分を、赤、青、黄のすべての色を使ってぬります。ぬり方は全部で何通りあるでしょうか。　　　　　　　　　20点

（　　　　　）

4 プリン、ヨーグルト、ゼリー、キャラメル、クッキーの5種類のおかしがあります。この中から4種類を選んで買います。

おかしの組み合わせは、全部で何通りあるでしょうか。　　　　　20点

買わないおかしを
1種類選ぶ、
と考えると調べ
やすいですね。

（　　　　　）

文字を使った式／分数と整数のかけ算、わり算／対称な図形／分数のかけ算

サクッと
こたえ
あわせ
答え 94ページ

1 x個のクッキーを4人で等分したら、1人分は7個でした。クッキーは全部で何個でしょうか。xを使った式に表し、答えを求めましょう。　　20点(式10・答え10)

式

答え（　　　　　　　　　　）

2 計算をしましょう。　　30点(1つ5)

①　$\dfrac{3}{5} \times 4$

②　$\dfrac{3}{8} \times 6$

③　$1\dfrac{1}{4} \times 12$

④　$\dfrac{5}{6} \div 2$

⑤　$\dfrac{8}{9} \div 6$

⑥　$2\dfrac{2}{3} \div 4$

3 右の図は、線対称でもあり、点対称でもある図形です。　　30点(1つ10)
①　対称の軸は何本ありますか。

（　　　　　　　　　）

②　対称の中心をかき入れましょう。

③　辺AFと等しい長さの辺はどれですか。すべて答えましょう。

（　　　　　　　　　　　　　　　）

4 1dLで0.7m²をぬれるペンキがあります。このペンキ$\dfrac{5}{7}$dLでは何m²ぬれるでしょうか。　　20点(式10・答え10)

式

答え（　　　　　　　　　）

分数のわり算／データの見方／円の面積／比例と反比例

1 計算をしましょう。　　　　　　　　　　　　　　　　　24点(1つ8)

① $\dfrac{3}{2} \div \dfrac{12}{5}$　　　　② $0.25 \div \dfrac{7}{16}$　　　　③ $\dfrac{5}{2} \div \dfrac{3}{2} \times \dfrac{9}{5}$

2 下の図は、ある運動クラブの児童 17 人のうち、16 人の二重とびの記録を数直線に表したものです。　　　　　　40点(1つ5)

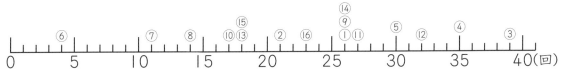

① 17 人目の記録は 22 回でした。この記録を⑰として、上の図に書き入れましょう。

② 最ひん値と中央値を求めましょう。

最ひん値（　　　　　　）　中央値（　　　　　　）

③ 右の表にあてはまる人数を書きましょう。

回数(回)	人数(人)
0 以上～10 未満	⑦
10 　～20	⑦
20 　～30	⑦
30 　～40	⑦
合　計	⑦

3 次のような図形の面積を求めましょう。　　　　　　　　18点(1つ9)

①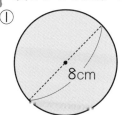
8cm

（　　　　　　　　）

②
6cm
12cm

（　　　　　　　　）

4 次の①、②について、それぞれ x と y の関係を式に表しましょう。　　18点(1つ9)

① 底辺が 6 cm で高さが x cm の三角形の面積 y cm²
② 面積が 56 cm² の長方形の、横の長さ x cm と縦の長さ y cm

① （　　　　　　　　）　② （　　　　　　　　）

角柱と円柱の体積／比／
拡大図と縮図／並べ方と組み合わせ

1 次のような立体の体積を求めましょう。　　　　30点(1つ15)

① 底面積が 12cm² で、高さが 5cm の三角柱

（　　　　　　　　）

② 底面が半径 5cm の円で、高さが 4cm の円柱

（　　　　　　　　）

2 次の比を簡単にしましょう。　　　　30点(1つ10)

① 1.6 : 48　　　　② $\frac{1}{3} : \frac{7}{15}$　　　　③ $0.3 : \frac{5}{2}$

（　　　　）　　（　　　　）　　（　　　　）

3 下の四角形ABCDを、頂点Aを中心にして2倍にした拡大図をかきましょう。

20点

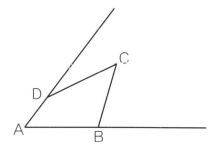

4 ケーキ、アイスクリーム、コーヒーゼリー、プリンの4種類のおかしがあります。
この中から2種類を持ち帰ります。
おかしの組み合わせは、全部で何通りあるでしょうか。　　　　20点

（　　　　　　　　）

算数のまとめ
数のしくみ

1 □にあてはまる数を書きましょう。 📖教216ページ①　　　35点(1つ5)

① $37427 = 10000 \times \boxed{ア} + 1000 \times 7 + 100 \times \boxed{イ} + 10 \times \boxed{ウ} + 1 \times \boxed{エ}$

② $7.301 = 1 \times 7 + 0.1 \times \boxed{ア} + 0.01 \times \boxed{イ} + 0.001 \times \boxed{ウ}$

2 （　）の中の数の最小公倍数を求めましょう。 📖教217ページ⑤　　10点(1つ5)

① （7、8）　　　　　　　　　　② （2、4、6）

（　　　　　　）　　　　（　　　　　　）

3 （　）の中の数の最大公約数を求めましょう。 📖教217ページ⑥　　10点(1つ5)

① （24、48）　　　　　　　　② （8、56、64）

（　　　　　　）　　　　（　　　　　　）

4 ①、②、③、④の4枚の数字カードがあります。この数字カードを使って、整数をつくります。 📖教217ページ⑦　　　30点(1つ15)

① できる2けたの奇数を全部書きましょう。

（　　　　　　　　　　　　　　　　）

② できる3けたの整数で、いちばん小さい偶数を書きましょう。

（　　　　　　　　）

5 約分しましょう。 📖教217ページ⑧　　　15点(1つ5)

① $\dfrac{6}{9}$　　　　　　② $\dfrac{18}{30}$　　　　　　③ $\dfrac{21}{14}$

（　　　　　　）　　（　　　　　　）　　（　　　　　　）

算数のまとめ
計算

1 計算をしましょう。　教218ページ①、②　　　30点(1つ5)

① 3701＋14276　　② 6000－1210　　③ 275×84

④ 572÷11　　⑤ 4.502＋1.658　　⑥ 7－0.23

2 商は四捨五入して、上から2けたの概数で求めましょう。　教218ページ③
30点(1つ10)

① 12.5÷3　　② 0.37÷0.3　　③ 6÷0.22

（　　　　　　）　（　　　　　　）　（　　　　　　）

3 18.8ｍの針金を2.8ｍずつ切っていきます。
2.8ｍの針金は何本できて、何ｍあまるでしょうか。　教218ページ④
10点(式5・答え5)

式

答え（　　　　　　　　　　　）

4 計算をしましょう。　教219ページ⑥、⑦　　　30点(1つ5)

① $\frac{4}{9}+\frac{5}{6}$　　② $2\frac{1}{3}+\frac{3}{8}-\frac{3}{16}$　　③ $\frac{6}{7}\times\frac{3}{4}$

④ $2\frac{1}{5}\div\frac{3}{5}$　　⑤ $1\frac{1}{3}\times0.9$　　⑥ $0.6\times\frac{7}{2}\div2.1$

教科書 218〜219ページ

算数のまとめ
計算のきまりと式

❶ □にあてはまる数を書きましょう。 📖教220ページ ◇ 　40点（1つ8）

① $1.2 + 3.05 = \boxed{} + 1.2$

② $\dfrac{1}{5} \times \dfrac{2}{3} = \boxed{} \times \dfrac{1}{5}$

③ $9.6 \times 25 \times 4 = 9.6 \times \left(\boxed{} \times 4 \right)$

④ $\left(\dfrac{1}{2} + \dfrac{3}{4} \right) \times 4 = \dfrac{1}{2} \times \boxed{} + \dfrac{3}{4} \times \boxed{}$

❷ 計算をしましょう。 📖教220ページ ◇ 　20点（1つ5）

① $85 - (42 - 13)$

② $26 + 36 \div 12$

③ $12 \times 5 + 13 \times 4$

④ $16 \times 3 - 12 + 5 \times 8$

❸ 右のように並んだおはじきの数を求めます。①、②の式に合う図を、
下の㋐から㋒の中から選びましょう。 📖教220ページ ◇ 　20点（1つ10）

① 4×4

② $5 \times 2 + 3 \times 2$

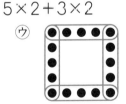

① （　　　　） ② （　　　　）

❹ 1個の値段が240円のケーキを x 個買ったら、代金は1920円でした。買ったケーキは何個でしょうか。 📖教220ページ ◇ 　20点

（　　　　　　）

算数のまとめ
平面図形

1 下の㋐、㋑、㋒の角度を求めましょう。📖教221ページ③　　30点（1つ10）

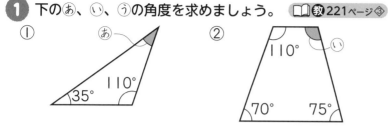
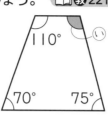
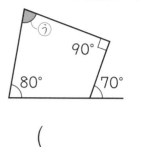

①　②　③

（　　　　　）　　（　　　　　）　　（　　　　　）

2 次のような図形の周りの長さを求めましょう。📖教222ページ④　　30点（1つ10）

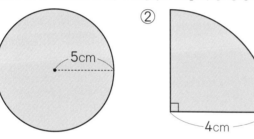
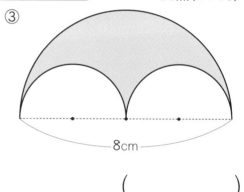

①　　②　　③

（　　　　　）　　（　　　　　）　　（　　　　　）

3 直線アイを対称の軸とした線対称な図形と、点〇を対称の中心とした点対称な図形をかきましょう。📖教222ページ⑤　　40点（1つ20）

①　　②

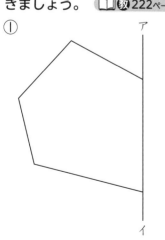
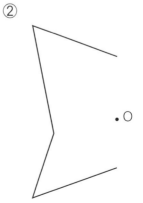

教科書📖 221〜222ページ

算数のまとめ
立体図形

1 右の直方体について、次の面や辺をすべて答えましょう。 📖教223ページ①

60点(1つ15)

① 面⊙と平行な面

(　　　　　　　　　)

② 面あと垂直な面

(　　　　　　　　　)

③ 辺BFと垂直な辺

(　　　　　　　　　)

④ 辺ABと平行な辺

(　　　　　　　　　)

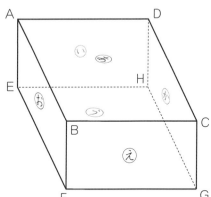

2 右の展開図を組み立ててできる直方体について、
次の面や辺をすべて答えましょう。

📖教223ページ② 30点(1つ15)

① 面かと垂直な面

(　　　　　　　　　)

② 辺コケと重なる辺

(　　　　　　　　　)

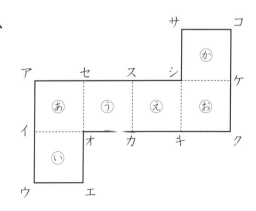

3 右のような円柱があります。この円柱の展開図には、
円のほかにどんな形がありますか。 📖教223ページ③

10点

(　　　　　　　　　)

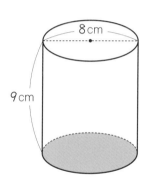

きほんのドリル 76.

算数のまとめ
面積、体積

時間 15分　合格 80点 ／100　月　日

サクッとこたえあわせ

答え 95ページ

1 次のような図形の面積を求めましょう。　📖教224ページ①　　60点(1つ10)

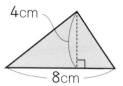
① 4cm 8cm

② 4cm

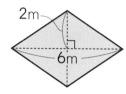
③ 2m 6m

(　　　　　)　　(　　　　　)　　(　　　　　)

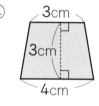
④ 3cm 3cm 4cm

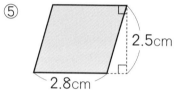
⑤ 2.5cm 2.8cm

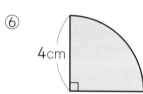
⑥ 4cm

(　　　　　)　　(　　　　　)　　(　　　　　)

2 次の立体の体積を求めましょう。　📖教225ページ④　　30点(1つ15)
① 縦30cm、横5cm、高さ1.2mの直方体

(　　　　　)

② 底面の半径が4cmで、高さが5cmの円柱

(　　　　　)

3 右の図のような展開図を組み立ててできる
立体の体積を求めましょう。
　📖教225ページ⑤　10点

1cm 1cm 4cm 3cm

(　　　　　)

76

教科書 📖 224〜225ページ

きほんの ドリル 77

算数のまとめ
量と単位

時間 15分　合格 80点　/100

サクッとこたえあわせ
答え 96ページ

月　日

1 下の表は、長さ、かさ、重さの単位についてまとめたものです。
　1km、1cm、1mm、1mL、1kg、1mg を下の表の㋐から㋕のあてはまるところに書きましょう。📖教226ページ◇　　36点(1つ6)

1000倍	100倍	10倍	1	$\frac{1}{10}$	$\frac{1}{100}$	$\frac{1}{1000}$
㋐			1m		㋑	㋒
1kL			1L	1dL		㋓
㋔			1g			㋕

2 下の表は、面積の単位についてまとめたものです。📖教226ページ◇　32点(1つ8)

正方形の1辺の長さ	1km	100m	10m	1m	10cm	1cm
正方形の面積	㋐	㋑	1a	1m²	100cm²	㋒

① 1km²、1cm²、1ha を上の表の㋐から㋒のあてはまるところに書きましょう。

② 1km² は 100m² の何倍でしょうか。

（　　　　　　　）

> 1km² を m² の単位で表してみよう。

3 下の表は、長さの単位をもとにして、体積の単位についてまとめたものです。📖教226ページ◇　32点(1つ8)

立方体の1辺の長さ	1m	10cm		1cm
立方体の体積	1m³ ／ ㋑	㋐ ／ 1L	100cm³ ／ 1dL	1cm³ ／ ㋒

① 1kL、1000cm³、1mL を上の表の㋐から㋒のあてはまるところに書きましょう。

② 1m³ は 1L の何倍でしょうか。

（　　　　　　　）

77

教科書 📖 226ページ

算数のまとめ
比例と反比例

時間 15分　合格 80点　／100　月　日

サクッと
こたえ
あわせ

答え 96 ページ

1 下の表は、面積が 42 cm² の長方形の横の長さ y cm が縦の長さ x cm に反比例している関係を表しています。表のあいているところに、あてはまる数を書きましょう。また、x と y の関係を式に表しましょう。　📖教227ページ①　40点(1つ10)

縦　x(cm)	1	2	3	4	5	
横　y(cm)	42	21	㋐	㋑	㋒	

式（　　　　　　　　　　　）

2 下の㋐、㋑は、y が x に比例や反比例する関係を表したものです。　📖教227ページ②、③　60点(1つ10)

㋐　印刷機が動いていた時間 x 分と、印刷した紙の枚数 y 枚

時間　x(分)	1	2	3	4	
枚数　y(枚)	32	64	96	128	

㋑　120 本あるペンを、x 人に同じ本数ずつ分けるときの1人分の本数 y 本

人数　x(人)	1	2	3	4	
本数　y(本)	120	60	40	30	

① 比例しているのは、㋐と㋑のどちらですか。

（　　　　）

② ㋐と㋑について、x と y の関係を式に表しましょう。

㋐（　　　　　　　）㋑（　　　　　　　）

③ ㋐で、480 枚印刷するには何分かかりますか。

（　　　　　　　）

④ ㋐で、20 分間印刷すると、何枚印刷できますか。

（　　　　　　　）

⑤ ㋑で、1人分の本数が8本になるのは、何人に分けたときですか。

（　　　　　　　）

教科書 📖 227ページ

算数のまとめ
数量の変化と関係

1 なおとさんのクラスで、月曜日から金曜日までの5日間に図書室を利用した人数を調べたら、右の表のようになりました。
1日の平均利用人数を求めましょう。

📖教228ページ① 10点

(   )

図書室を利用した人数調べ

曜日	人数(人)
月	3
火	8
水	7
木	10
金	18

2 時速90kmで自動車が走っています。 📖教228ページ④ 20点(1つ10)

① この自動車の分速は何kmでしょうか。

(   )

② 40分間では何km進むでしょうか。

(   )

3 デパートで3200円のサッカーボールが40%引きで売られています。
何円で買えるでしょうか。 📖教229ページ⑦ 20点(式10・答え10)

式

答え (   )

4 次の比を簡単にしましょう。 📖教229ページ⑧ 30点(1つ10)

① 16:4   ② 2.3:16.1   ③ $\frac{1}{3} : \frac{7}{18}$

(   )   (   )   (   )

5 3m60cmのリボンを、長さの比が5:4になるように2つに分けると、長いほうのリボンは何cmになるでしょうか。 📖教229ページ⑩ 20点

(   )

教科書📖 228〜229ページ

きほんの
ドリル
80。

算数のまとめ
表とグラフ

時間 **15**分 | 合格 **80**点 ／**100** | 月　日

サクッと
こたえ
あわせ
答え **96** ページ

❶ 右のグラフは、ある学校の図書館にある本の種類別の割合を表しています。

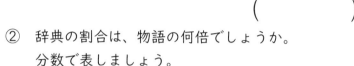

📖教230ページ⓶　30点(1つ10)

本の種類別の割合

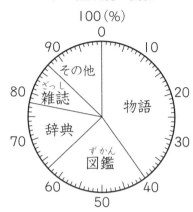

① 物語の割合は、何 % でしょうか。

（　　　　　　　）

② 辞典の割合は、物語の何倍でしょうか。
分数で表しましょう。

（　　　　　　　）

③ 図書館には、本が全部で 2800 冊あります。
物語は、何冊あるでしょうか。

（　　　　　　）

❷ 右の表は、東小学校の 6 年生が、2月と3月にボランティアに参加したかどうかを調べたものです。

📖教231ページ⓸　56点(1つ8)

① 表のあいているところに、あてはまる数を書きましょう。

② ⓐ、ⓒに入る数は、それぞれ何を表しているでしょうか。

ⓐ （　　　　　　　　　　　　　　　）

ⓒ （　　　　　　　　　　　　　　　）

ボランティア調べ　　（人）

| | | 3　月 | | 合計 |
		参加	不参加	
2月	参加	ⓐ	8	92
	不参加	12	ⓘ	20
合計		ⓤ	ⓔ	ⓞ

❸ 2、3、4の3枚の数字カードを1枚ずつ使って、3けたの整数をつくります。できる3けたの整数は全部で何通りあるでしょうか。　📖教231ページ⓹　14点

（　　　　　　）

●ドリルやテストが終わったら、うしろの
　「がんばり表」に色をぬりましょう。
●まちがえたら、かならずやり直しましょう。
　「考え方」もよみ直しましょう。

→1。 1 文字を使った式 1ページ

❶ ㋐$x+45$　㋑$1000-45$
　㋒955　　㋓955

❷ ㋐$x×14$　㋑$84÷14$　㋒6　　㋓6

❸ 式　$40×6+x=420$
　　　　$240+x=420$
　　　　$x=420-240$
　　　　$=180$　　　　答え　180円

❹ 式　$250×5+x=1380$
　　　　$1250+x=1380$
　　　　$x=1380-1250$
　　　　$=130$　　　　答え　130円

考え方 ❸ えんぴつ6本の代金＋ノートの
代金＝全体の代金　として式に表します。

→2。 1 文字を使った式 2ページ

❶ ①$a+b=18$　　　②10cm

❷ 式　$x×5+y=100$
　　　$x=15$ですから、$15×5+y=100$
　　　　　　　　　　　　　答え　25枚

❸ ①㋐a　　②㋑a　　③㋒a　　㋓b
　④㋔a　　㋕b　　㋖c

考え方 ❶ ②bが8ですから、$a+8=18$
より、$a=10$です。
❷ 1人の枚数×人数＋残りの枚数＝全体
の枚数

→3。 1 文字を使った式 3ページ

❶ ①㋐160
　②㋑240　㋒160　　㋓3　　　㋔720
　㋕720
　③㋖720　㋗880　　㋘1040　㋙4

考え方 牛乳(ぎゅうにゅう)の値段(ねだん)×買う個数＋メロンパ
ンの値段×買う個数　が代金です。

→4。 2 分数と整数のかけ算、わり算 4ページ

❶ ①㋐4　㋑$\frac{4}{9}$

　②㋒2　㋓2　㋔4　㋕2　㋖4　㋗$\frac{8}{9}$

❷ ①$\frac{3}{4}$　②$\frac{5}{7}$　③$\frac{4}{5}$

❸ ①$\frac{3}{4}$　②$\frac{3}{2}\left(1\frac{1}{2}\right)$　③$\frac{2}{3}$　④$\frac{9}{5}\left(1\frac{4}{5}\right)$

　⑤6　⑥10　⑦$\frac{45}{4}\left(11\frac{1}{4}\right)$　⑧44

　⑨30

考え方 ❸ ⑥$\frac{5}{3}×6=\frac{5×\overset{2}{\cancel{6}}}{\underset{1}{\cancel{3}}}=10$

⑧$2\frac{3}{4}×16=\frac{11}{4}×16=\frac{11×\overset{4}{\cancel{16}}}{\underset{1}{\cancel{4}}}$

$=44$

→5。 2 分数と整数のかけ算、わり算 5ページ

❶ ①㋐8　　㋑4　　　㋒8　　　㋓4

　㋔$\frac{2}{9}$　　㋕$\frac{2}{4}$

　②㋖2　㋗2　　㋘2　　　㋙2

　㋚2　㋛3　　㋜$\frac{3}{8}$　　㋝$\frac{3}{8}$

❷ ①$\frac{1}{6}$　　②$\frac{1}{15}$　　③$\frac{3}{20}$　④$\frac{3}{28}$

　⑤$\frac{2}{9}$　　⑥$\frac{19}{96}$

考え方 わる整数を、わられる分数の分母に
かけます。

❷ ⑤$1\frac{1}{9}÷5=\frac{10}{9}÷5=\frac{\overset{2}{\cancel{10}}}{9×\underset{1}{\cancel{5}}}=\frac{2}{9}$

😊6。 2 分数と整数のかけ算、わり算 6ページ

❶ ① $\dfrac{2}{5}$　② $\dfrac{8}{7}\left(1\dfrac{1}{7}\right)$　③ $\dfrac{5}{2}\left(2\dfrac{1}{2}\right)$

④ $\dfrac{9}{4}\left(2\dfrac{1}{4}\right)$　⑤ $\dfrac{108}{5}\left(21\dfrac{3}{5}\right)$　⑥ 55

⑦ $\dfrac{1}{6}$　⑧ $\dfrac{5}{16}$　⑨ $\dfrac{1}{12}$　⑩ $\dfrac{3}{5}$

⑪ $\dfrac{13}{27}$　⑫ $\dfrac{7}{20}$

❷ ① $\dfrac{3}{20}$ ② $\dfrac{5}{18}$ ③ $\dfrac{6}{5}\left(1\dfrac{1}{5}\right)$ ④ $\dfrac{5}{2}\left(2\dfrac{1}{2}\right)$

❸ 式 $\dfrac{5}{6}\times4=\dfrac{10}{3}$　答え $\dfrac{10}{3}\left(3\dfrac{1}{3}\right)$kg

考え方 ❷ ① $x\times4=\dfrac{3}{5}$ より、$x=\dfrac{3}{5}\div4$
を計算します。

③ $x\div3=\dfrac{2}{5}$ より、$x=\dfrac{2}{5}\times3$ を計算します。

おうちの
かたへ ❷ は、式の意味を考えるとよいでしょう。x を○倍して求めた答えは、○でわる計算をすれば x になります。

😊7。 3 対称な図形 7ページ

❶ 線対称…①、②、④、⑥、⑦、⑧
　点対称…③、④、⑤、⑥

❷ ①線対称　②対称　③E　④FG

❸ ①対称の中心　②E　③CD

考え方 ❶ ④、⑥は、線対称でも点対称でもある図形です。

😊8。 3 対称な図形 8ページ

❶ ⑦垂直　⑦等しく

❷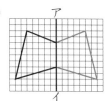

❸ ⑦中心　⑦長さ

❹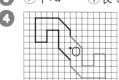

考え方 ❷ 対応する2つの点を結ぶ直線と対称の軸が垂直に交わることや、対称の軸と交わる点から対応する2つの点までの長さが等しいことなどの性質を使います。

❹ 対応する2つの点を結ぶ直線が対称の中心を通ることや、対称の中心から対応する2つの点までの長さが等しくなることなどの性質を使います。

😊9。 3 対称な図形 9ページ

❶
		線対称	対称の軸の数	点対称
⑯	正 方 形	○	4	○
⑰	長 方 形	○	2	○
⑱	台 形	○	1	
⑲	ひ し 形	○	2	○
⑳	平行四辺形			○

❷ ①⑰、⑱　②省略　③ありません

考え方 三角形や四角形の対称を考えるときは辺の長さや角の大きさに着目します。

😊10。 3 対称な図形 10ページ

❶
		線対称	対称の軸の数	点対称
⑯	正 五 角 形	○	5	
⑰	正 六 角 形	○	6	○
⑱	正 七 角 形	○	7	
⑲	正 八 角 形	○	8	○
⑳	正 九 角 形	○	9	

❷ ①○　②×　③○　④×　⑤○

考え方 円は線対称な図形で、対称の軸は円の中心を通ります。また、対称の軸は無数に何本もあります。

😊11。 4 分数のかけ算 11ページ

❶ ⑦3　⑦3　⑦ $\dfrac{5}{24}$　⑤ $\dfrac{5}{24}$

❷ ① $\dfrac{1}{6}$　② $\dfrac{3}{20}$　③ $\dfrac{1}{18}$

④ $\dfrac{7}{27}$　⑤ $\dfrac{3}{32}$　⑥ $\dfrac{5}{42}$

⑦ $\frac{7}{6}\left(1\frac{1}{6}\right)$ ⑧ $\frac{9}{20}$ ⑨ $\frac{5}{8}$

考え方 かける数の分母でわる計算になります。

2 ① $\frac{1}{2}\times\frac{1}{3}=\frac{1}{2}\div 3=\frac{1}{2\times3}=\frac{1}{6}$

12. | 4 分数のかけ算　12ページ

1 ㋐2　㋑3　㋒$\frac{8}{21}$　㋓$\frac{8}{21}$

2 ① $\frac{5}{18}$　② $\frac{4}{27}$　③ $\frac{8}{35}$

④ $\frac{15}{32}$　⑤ $\frac{14}{15}$　⑥ $\frac{16}{35}$

⑦ $\frac{80}{21}\left(3\frac{17}{21}\right)$　⑧ $\frac{35}{24}\left(1\frac{11}{24}\right)$

⑨ $\frac{49}{20}\left(2\frac{9}{20}\right)$

考え方 分母どうし、分子どうしをかけます。

2 ② $\frac{2}{9}\times\frac{2}{3}=\frac{2\times2}{9\times3}=\frac{4}{27}$

13. | 4 分数のかけ算　13ページ

1 ① $\frac{4}{5}$　② $\frac{3}{10}$　③ $\frac{10}{21}$

④ $\frac{5}{8}$　⑤ $\frac{20}{3}\left(6\frac{2}{3}\right)$

2 ① $\frac{6}{5}\left(1\frac{1}{5}\right)$　②6　③ $\frac{12}{5}\left(2\frac{2}{5}\right)$

④ $\frac{10}{9}\left(1\frac{1}{9}\right)$　⑤ $\frac{9}{4}\left(2\frac{1}{4}\right)$　⑥10

3 ① $\frac{10}{9}\left(1\frac{1}{9}\right)$　② $\frac{3}{2}\left(1\frac{1}{2}\right)$　③ $\frac{7}{10}$

考え方 1 約分してから計算しましょう。

① $\frac{2}{3}\times\frac{6}{5}=\frac{2\times\overset{2}{6}}{3\times5}=\frac{4}{5}$

④ $\frac{7}{12}\times\frac{15}{14}=\frac{\overset{1}{7}\times\overset{5}{15}}{\underset{4}{12}\times\underset{2}{14}}=\frac{5}{8}$

2 ② $9\times\frac{2}{3}=\frac{9}{1}\times\frac{2}{3}=\frac{\overset{3}{9}\times2}{1\times\underset{1}{3}}=6$

3 ② $2\frac{1}{2}\times\frac{3}{5}=\frac{5}{2}\times\frac{3}{5}=\frac{\overset{1}{5}\times3}{2\times\underset{1}{5}}=\frac{3}{2}$

14. | 4 分数のかけ算　14ページ

1 ① $\frac{21}{50}$　② $\frac{1}{3}$　③ $\frac{21}{10}\left(2\frac{1}{10}\right)$

④ $\frac{7}{30}$　⑤ $\frac{6}{5}\left(1\frac{1}{5}\right)$　⑥ $\frac{3}{4}$

⑦ $\frac{16}{15}\left(1\frac{1}{15}\right)$　⑧ $\frac{9}{20}$　⑨ $\frac{1}{4}$

2 ① $\frac{1}{24}$　② $\frac{2}{15}$　③ $\frac{1}{3}$

④ $\frac{3}{10}$　⑤5　⑥ $\frac{1}{6}$

考え方 1 ② $0.6\times\frac{5}{9}=\frac{6}{10}\times\frac{5}{9}$

15. | 4 分数のかけ算　15ページ

1 ㋐$\frac{4}{5}$　㋑$\frac{2}{3}$　㋒$\frac{8}{15}$　㋓$\frac{8}{15}$

2 ㋐$\frac{1}{3}$　㋑$\frac{3}{4}$　㋒$\frac{3}{5}$　㋓$\frac{3}{20}$　㋔$\frac{3}{20}$

3 ①式 $\frac{3}{4}\times\frac{3}{4}=\frac{9}{16}$　答え $\frac{9}{16}$ cm²

②式 $\frac{2}{3}\times\frac{4}{5}\times\frac{1}{6}=\frac{4}{45}$　答え $\frac{4}{45}$ m³

考え方 3 ①正方形の面積＝1辺×1辺
②直方体の体積＝縦×横×高さ

16. | 4 分数のかけ算　16ページ

1 ① $\left(\frac{5}{7}\times\frac{3}{8}\right)\times\frac{8}{9}=\boxed{\frac{5}{7}}\times\left(\frac{3}{8}\times\frac{8}{9}\right)=\frac{5}{21}$

② $\frac{18}{19}\times\left(\frac{2}{9}+\frac{5}{6}\right)=\frac{18}{19}\times\boxed{\frac{2}{9}}+\frac{18}{19}\times\boxed{\frac{5}{6}}=1$

③ $\frac{4}{7}\times\frac{3}{5}+\frac{3}{7}\times\frac{3}{5}=\left(\boxed{\frac{4}{7}}+\boxed{\frac{3}{7}}\right)\times\frac{3}{5}=\frac{3}{5}$

④ $\frac{7}{8}\times\frac{5}{11}-\frac{3}{8}\times\frac{5}{11}=\left(\boxed{\frac{7}{8}}-\boxed{\frac{3}{8}}\right)\times\frac{5}{11}=\frac{5}{22}$

2 ① $\frac{7}{18}$　② $\frac{7}{8}$

考え方 2 ② $\frac{3}{10}\times\frac{7}{8}+\frac{7}{10}\times\frac{7}{8}$
$=\left(\frac{3}{10}+\frac{7}{10}\right)\times\frac{7}{8}=\frac{7}{8}$

17. 4 分数のかけ算 （17ページ）

❶ ① $\frac{5}{3}\left(1\frac{2}{3}\right)$ ② $\frac{7}{2}\left(3\frac{1}{2}\right)$ ③ $\frac{2}{9}$

❷ ① $\frac{1}{6}$ ② $\frac{1}{3}$ ③2
   ④ $\frac{10}{7}\left(1\frac{3}{7}\right)$ ⑤ $\frac{5}{13}$ ⑥ $\frac{10}{17}$

❸ ① $\frac{8}{5}\left(1\frac{3}{5}\right)$ ② $\frac{9}{7}\left(1\frac{2}{7}\right)$ ③4 ④ $\frac{1}{10}$
   ⑤ $\frac{1}{4}$ ⑥5   ⑦ $\frac{5}{8}$ ⑧ $\frac{10}{23}$

考え方 ❷ ③ $0.5 = \frac{5}{10} = \frac{1}{2}$
   ⑤ $2.6 = \frac{26}{10} = \frac{13}{5}$
❸ ④ $10 = \frac{10}{1}$ ⑥ $0.2 = \frac{2}{10} = \frac{1}{5}$

18. 4 分数のかけ算 （18ページ）

❶ ① $\frac{1}{12}$ ② $\frac{6}{35}$ ③ $\frac{20}{27}$ ④ $\frac{5}{8}$ ⑤ $\frac{1}{15}$
   ⑥ $\frac{1}{6}$ ⑦ $\frac{49}{12}\left(4\frac{1}{12}\right)$ ⑧ $\frac{65}{8}\left(8\frac{1}{8}\right)$
   ⑨12 ⑩14 ⑪ $\frac{2}{7}$ ⑫ $\frac{3}{5}$

❷ 式 $\frac{5}{7} \times \frac{3}{4} = \frac{15}{28}$ 答え $\frac{15}{28}$ kg

❸ 式 $\frac{2}{3} \times \frac{5}{4} \times \frac{9}{10} = \frac{3}{4}$ 答え $\frac{3}{4}$ m³

考え方 ❸ 直方体の体積は、縦×横×高さ

おうちの方へ 整数も分母を1とする分数で表すと、かけ算はすべて次の式で計算できます。
$$\frac{b}{a} \times \frac{d}{c} = \frac{b \times d}{a \times c} \cdots \frac{分子どうしの積}{分母どうしの積}$$

19. 4 分数のかけ算 （19ページ）

❶ ① $\frac{3}{8}$ ② $\frac{1}{4}$ ③ $\frac{3}{8}$ ④ $\frac{13}{30}$ ⑤6
   ⑥ $\frac{20}{3}\left(6\frac{2}{3}\right)$ ⑦ $\frac{3}{16}$ ⑧ $\frac{9}{2}\left(4\frac{1}{2}\right)$
   ⑨ $\frac{12}{5}\left(2\frac{2}{5}\right)$

❷ ① $\frac{7}{2}\left(3\frac{1}{2}\right)$ ② $\frac{1}{5}$ ③ $\frac{5}{12}$

❸ ① $\frac{4}{3}\left(1\frac{1}{3}\right)$ ② $\frac{5}{4}\left(1\frac{1}{4}\right)$

考え方 ❸ ① $\left(\frac{1}{3} \times \frac{7}{5}\right) \times \frac{20}{7}$
$$= \frac{1}{3} \times \left(\frac{7}{5} \times \frac{20}{7}\right) = \frac{1}{3} \times 4 = \frac{4}{3}$$
② $\frac{2}{9} \times \frac{5}{4} + \frac{7}{9} \times \frac{5}{4} = \left(\frac{2}{9} + \frac{7}{9}\right) \times \frac{5}{4} = \frac{5}{4}$

おうちの方へ 計算のきまりは、分数のかけ算についても成り立ちます。

20. 5 分数のわり算 （20ページ）

❶ ⑦5   ④ $\frac{10}{7}\left(1\frac{3}{7}\right)$ ⑦ $\frac{10}{7}\left(1\frac{3}{7}\right)$

❷ ① $\frac{6}{7}$ ② $\frac{8}{9}$ ③ $\frac{35}{6}\left(5\frac{5}{6}\right)$
   ④ $\frac{15}{8}\left(1\frac{7}{8}\right)$ ⑤ $\frac{42}{5}\left(8\frac{2}{5}\right)$
   ⑥ $\frac{27}{2}\left(13\frac{1}{2}\right)$

❸ 式 $\frac{5}{8} \div \frac{1}{7} = \frac{35}{8}$ 答え $\frac{35}{8}\left(4\frac{3}{8}\right)$ kg

❹ 式 $\frac{2}{9} \div \frac{1}{5} = \frac{10}{9}$ 答え $\frac{10}{9}\left(1\frac{1}{9}\right)$ m²

考え方 わる数の分母をかける計算です。
❷ ① $\frac{3}{7} \div \frac{1}{2} = \frac{3}{7} \times 2 = \frac{3 \times 2}{7} = \frac{6}{7}$
❸ $\frac{5}{8} \div \frac{1}{7} = \frac{5}{8} \times 7 = \frac{5 \times 7}{8} = \frac{35}{8}$

21. 5 分数のわり算 （21ページ）

❶ ⑦3 ④3 ⑦5 ⑤3 ⑦5
   ⑦5 ⑧3 ⑦ $\frac{10}{21}$ ⑦ $\frac{10}{21}$

❷ ① $\frac{3}{8}$ ② $\frac{21}{20}\left(1\frac{1}{20}\right)$ ③ $\frac{55}{48}\left(1\frac{7}{48}\right)$
   ④ $\frac{25}{21}\left(1\frac{4}{21}\right)$ ⑤ $\frac{27}{10}\left(2\frac{7}{10}\right)$ ⑥ $\frac{20}{21}$

❸ 式 $\frac{3}{8} \div \frac{2}{7} = \frac{21}{16}$ 答え $\frac{21}{16}\left(1\frac{5}{16}\right)$ m²

考え方 分数を分数でわる計算では、わる数の逆数をかけます。

② ① $\dfrac{1}{4} \div \dfrac{2}{3} = \dfrac{1}{4} \times \dfrac{3}{2} = \dfrac{1 \times 3}{4 \times 2} = \dfrac{3}{8}$

⑥ $\dfrac{10}{7} \div \dfrac{3}{2} = \dfrac{10}{7} \times \dfrac{2}{3} = \dfrac{10 \times 2}{7 \times 3} = \dfrac{20}{21}$

③ $\dfrac{3}{8} \div \dfrac{2}{7} = \dfrac{3}{8} \times \dfrac{7}{2} = \dfrac{3 \times 7}{8 \times 2} = \dfrac{21}{16}$

---

22. 5 **分数のわり算** 22ページ

❶ ① $\dfrac{5}{6}$ ② $\dfrac{10}{3}\left(3\dfrac{1}{3}\right)$ ③ $\dfrac{3}{8}$

④ $\dfrac{1}{12}$ ⑤ 8 ⑥ 12

❷ ① $\dfrac{18}{5}\left(3\dfrac{3}{5}\right)$ ② 10 ③ $\dfrac{8}{3}\left(2\dfrac{2}{3}\right)$

④ 20 ⑤ $\dfrac{21}{2}\left(10\dfrac{1}{2}\right)$ ⑥ $\dfrac{35}{2}\left(17\dfrac{1}{2}\right)$

❸ ① $\dfrac{14}{3}\left(4\dfrac{2}{3}\right)$ ② $\dfrac{26}{3}\left(8\dfrac{2}{3}\right)$

③ $\dfrac{55}{4}\left(13\dfrac{3}{4}\right)$

考え方 かけ算になおしたら、約分を考えます。

---

23. 5 **分数のわり算** 23ページ

❶ ① $\dfrac{3}{2}\left(1\dfrac{1}{2}\right)$ ② 2 ③ 4

④ $\dfrac{9}{4}\left(2\dfrac{1}{4}\right)$ ⑤ $\dfrac{9}{4}\left(2\dfrac{1}{4}\right)$ ⑥ 3

❷ ① $\dfrac{1}{2}$ ② 1 ③ $\dfrac{2}{5}$ ④ 1

⑤ $\dfrac{27}{20}\left(1\dfrac{7}{20}\right)$ ⑥ $\dfrac{40}{9}\left(4\dfrac{4}{9}\right)$ ⑦ $\dfrac{5}{9}$

考え方 小数は分数になおしてから、わり算をかけ算になおします。先に約分をするようにしましょう。

---

24. 5 **分数のわり算** 24ページ

❶ あ、え

❷ い、う

❸ 積がかけられる数よりも小さくなる式…あ
商がわられる数よりも大きくなる式…う

---

④ ①う ②え

考え方 ❶ かける数が1より小さいとき、積はかけられる数よりも小さくなります。
❷ わる数が1より小さいとき、商はわられる数よりも大きくなります。

---

25. 5 **分数のわり算** 25ページ

❶ 式 $\dfrac{10}{9} \div \dfrac{5}{6} = \dfrac{4}{3}$ 答え $\dfrac{4}{3}\left(1\dfrac{1}{3}\right)$倍

❷ 式 $150 \times \dfrac{5}{6} = 125$ 答え 125 cm

❸ 式 求める数を x とすると、

$x \times \dfrac{2}{9} = \dfrac{4}{3}$

$x = \dfrac{4}{3} \div \dfrac{2}{9} = 6$ 答え 6L

④ ①㋐ $\dfrac{5}{3}$ ①15 ②9kg

考え方 量が分数で表されている場合や、倍を表す数が分数の場合でも、整数や小数のときと同じように考えることができます。
❸ 水そうに入る水の体積を1とみて、求める数を x とすると、x の $\dfrac{2}{9}$ が $\dfrac{4}{3}$ L です。

④ ② $x \times \dfrac{5}{3} = 15$ $x = 15 \div \dfrac{5}{3}$

$= 15 \times \dfrac{3}{5} = \dfrac{\overset{3}{15} \times 3}{1 \times \underset{1}{5}} = 9$

---

26. 5 **分数のわり算** 26ページ

❶ ① $\dfrac{32}{35}$ ② $\dfrac{7}{20}$ ③ $\dfrac{1}{12}$

④ $\dfrac{4}{3}\left(1\dfrac{1}{3}\right)$ ⑤ $\dfrac{16}{35}$ ⑥ $\dfrac{6}{5}\left(1\dfrac{1}{5}\right)$

❷ 式 $\dfrac{15}{16} \div \dfrac{9}{8} = \dfrac{5}{6}$ 答え $\dfrac{5}{6}$ kg

❸ あ、え

④ 式 $40 \times \dfrac{3}{5} = 54$ 答え 54 ページ

❺ 式 $\dfrac{1}{8} \div \dfrac{3}{4} = \dfrac{1}{6}$ 答え $\dfrac{1}{6}$ L

85

考え方 ⑤ 求める数を x とすると、

式　$x \times \dfrac{3}{4} = \dfrac{1}{8}$

$x = \dfrac{1}{8} \div \dfrac{3}{4} = \dfrac{1}{8} \times \dfrac{4}{3} = \dfrac{1 \times \overset{1}{4}}{\underset{2}{8} \times 3} = \dfrac{1}{6}$

おうちのかたへ 整数、小数は分数になおして計算しましょう。

27. 5 分数のわり算 27ページ

① ① $\dfrac{10}{9}\left(1\dfrac{1}{9}\right)$　② $\dfrac{20}{9}\left(2\dfrac{2}{9}\right)$　③ $\dfrac{16}{25}$

④ $\dfrac{14}{5}\left(2\dfrac{4}{5}\right)$　⑤ $\dfrac{3}{2}\left(1\dfrac{1}{2}\right)$　⑥ $\dfrac{2}{3}$

② 式　$\dfrac{8}{9} \div \dfrac{16}{21} = \dfrac{7}{6}$　答え　$\dfrac{7}{6}\left(1\dfrac{1}{6}\right)$km

③ 式　$\dfrac{9}{10} \div \dfrac{3}{8} = \dfrac{12}{5}$　答え　$\dfrac{12}{5}\left(2\dfrac{2}{5}\right)$kg

④ 式　$\dfrac{4}{3} \div \dfrac{8}{9} = \dfrac{3}{2}$　答え　$\dfrac{3}{2}\left(1\dfrac{1}{2}\right)$倍

⑤ 式　$130 \div \dfrac{5}{6} = 156$　答え　156 cm

考え方 ⑤ お兄さんの身長を x cm とすると、$x \times \dfrac{5}{6} = 130$ と表せます。

おうちのかたへ 分数×整数、分数÷整数のちがいに注意しましょう。

かけ算　$\dfrac{b}{a} \times c = \dfrac{b \times c}{a}$

わり算　$\dfrac{b}{a} \div c = \dfrac{b}{a \times c}$

分子や分母のかけ算の形になったら、まず約分を考えましょう。

28. 文字を使った式／分数と整数のかけ算、わり算 28ページ

⚫ 式　$x \times 9 = 1440$　答え　160 円

② ①$a \times 2 = b$
　②16 cm²

③ ① $\dfrac{4}{5}$　② $\dfrac{15}{4}\left(3\dfrac{3}{4}\right)$　③ $\dfrac{26}{3}\left(8\dfrac{2}{3}\right)$

④ $\dfrac{2}{9}$　⑤ $\dfrac{1}{6}$　⑥ $\dfrac{2}{5}$

✿ 式　$\dfrac{3}{10} \times 8 = \dfrac{12}{5}$　答え　$\dfrac{12}{5}\left(2\dfrac{2}{5}\right)$m

考え方 ① $x \times 9 = 1440$　$1440 \div 9 = 160$
② $a \times 4 \div 2 = b$　$a \times 2 = b$

おうちのかたへ ①② 文字を使った式です。式のつくり方に注意しましょう。

29. 対称な図形 29ページ

①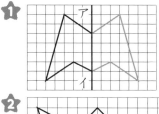

②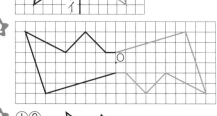

③ ①②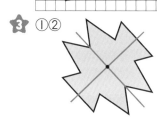

③辺ML、辺FE、辺HI

考え方 ③ ③辺ABと対応する辺が、辺ABと同じ長さの辺になります。

おうちのかたへ 線対称や点対称の作図には、その性質を理解しておくことが大切です。

30. 分数のかけ算／分数のわり算 30ページ

① ①6　② $\dfrac{7}{7}\left(1\dfrac{2}{7}\right)$　③ $\dfrac{11}{12}$

④ $\dfrac{1}{4}$　⑤ $\dfrac{14}{5}\left(2\dfrac{4}{5}\right)$　⑥ $\dfrac{1}{2}$

⑦9　⑧ $\dfrac{4}{9}$　⑨ $\dfrac{2}{9}$

② ① $\dfrac{3}{2}\left(1\dfrac{1}{2}\right)$　　② $\dfrac{3}{44}$

③ 式　$\dfrac{4}{5} \times \dfrac{2}{3} = \dfrac{8}{15}$　答え　$\dfrac{8}{15}$kg

④ 式　$\dfrac{5}{6} \div \dfrac{3}{10} = \dfrac{25}{9}$　答え　$\dfrac{25}{9}\left(2\dfrac{7}{9}\right)$m²

考え方 ② ①$0.27 \div 0.9 \div 0.2$

$= \dfrac{27}{100} \div \dfrac{9}{10} \div \dfrac{2}{10}$

$= \dfrac{\overset{3}{\cancel{27}}}{\underset{1}{\cancel{100}}} \times \dfrac{\cancel{10}}{\cancel{9}} \times \dfrac{\cancel{10}}{\cancel{2}} = \dfrac{3}{2}$

> **おうちの かたへ** 分数と小数のかけ算やわり算では、小数を分数になおして計算しましょう。

31. 6 データの見方 31ページ

❶ ①

② ⑦9.6　④10　⑦10

　　㋓8　㋔10　㋕10

考え方 ②平均値＝(すべてのデータの合計)÷(データの個数)で求めます。

男子はデータの個数が偶数だから、まん中2つの値の平均値を求めます。2つの値は両方10なので、中央値は10です。女子はデータの個数が奇数なので、大きさの順に並べたときの8番めの値が中央値です。

32. 6 データの見方 32ページ

❶ ①⑦1　④2　⑦3　㋓6

　　㋔3　㋕2　㋖1

　②3人　③30回以上40回未満

　④約33%

考え方 ❶ ④30回以上40回未満の人は、6人ですから、$6 \div 18 \times 100 = 33.3\cdots$

33. 6 データの見方 33ページ

❶ ①

50m走の記録

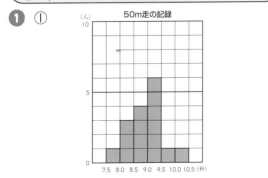

　②⑦8.8　④8.5秒以上9.0秒未満

---

　⑦9.1　㋓9.0秒以上9.5秒未満

　㋔8.9　㋕8.5秒以上9.0秒未満

考え方 ②データの個数が16で偶数なので、まん中の2つの値の平均値を求めます。

$(8.7 + 9.0) \div 2 = 8.85 \quad \rightarrow 8.9$

34. 6 データの見方 34ページ

❶ ①⑦2　④5

　　⑦7　㋓2

　　㋔1

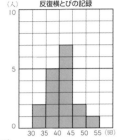

反復横とびの記録

　②40回以上45回未満

　③約41%

　④40回以上45回未満

考え方 ❶ ③$7 \div 17 \times 100 = 41.1\cdots$

④回数の総合計は681回

$681 \div 17 = 40.05\cdots$

> **おうちの かたへ** 数えまちがいや、グラフや表への記入のまちがいに気をつけましょう。

35. 7 円の面積 35ページ

❶ ①⑦22　④22　⑦11　㋓5.5

　　㋔27.5　㋕110

　②㋖36　㋗3.1

❷ ⑦半径　④8　⑦25.12

　㋓200.96　㋔200.96

考え方 ❶ ②⑦$110 \div 36 = 3.05\cdots$

❷ ⑦$8 \times 2 \times 3.14 \div 2 = 25.12$

36. 7 円の面積 36ページ

❶ ①式　$5 \times 5 \times 3.14 = 78.5$

　　　　　　　答え　78.5 cm²

　②式　$20 \times 20 \times 3.14 = 1256$

　　　　　　　答え　1256 cm²

　③式　$6.28 \div 3.14 \div 2 = 1$

　　　　$1 \times 1 \times 3.14 = 3.14$

　　　　　　　答え　3.14 cm²

② ⑦4　　①10　　⑦10　　⑤78.5
　　 ⑦78.5

考え方　円の面積＝半径×半径×円周率
① ②直径が40cmだから半径は
　　40÷2＝20(cm)
　　③直径＝円周の長さ÷円周率　だから、
　　直径は6.28÷3.14＝2　半径は1cm

---

37. **7　円の面積** 　37ページ

① ①式　2×2×3.14−1×1×3.14＝9.42
　　　　　　　答え　9.42cm²
　　②式　10×10×3.14−20×20÷2
　　　　＝114　　　答え　114cm²
　　③式　10×10−5×5×3.14＝21.5
　　　　　　　答え　21.5cm²
　　④式　$4×4×3.14×\frac{1}{2}=25.12$
　　　　　　　答え　25.12cm²

考え方　②直径20cmの円の面積から、対
角線の長さが20cmのひし形の面積をひ
きます。
③正方形の面積から半径が5cmの円の面
積をひきます。
④半径4cmの円の$\frac{1}{2}$の面積と考えるこ
とができます。

---

38. **8　比例と反比例** 　38ページ

① ①4cm増える。
　　②2倍、3倍、……になる。
　　③$\frac{1}{2}$倍、$\frac{1}{3}$倍、……になる。
　　④いえる。
② あ比例しない。　　い比例している。
　　う比例しない。

考え方　**①**　④②で調べたように、時間が2
倍、3倍、……になると、水の深さも2倍、
3倍、……になるから、比例するといえます。

---

39. **8　比例と反比例** 　39ページ

① ①3倍
　　②1分間あたり増える水の深さ

---

③y＝3×x
④54cm
② ①⑦5　　　①40　　　⑦25
　　②y＝0.5×x
　　③50g

考え方　**①**　①

x（分）	1	2	3
y（cm）	3	6	9

　　　　　　3÷1＝3　6÷2＝3
　　④③の式を使って3×18＝54
② ③0.5×100＝50

---

40. **8　比例と反比例** 　40ページ

① ⑦260　　①3　　　⑦2600　　⑤260
　　⑦260　　⑦2600
　　⑦1.8　　⑦1.8　　⑦2600　　⑦x
　　⑦1.8　　⑦4680　　⑦1.8　　⑦2600
　　⑦2600
② 480枚

考え方　**①**　求め方1 では、xの値が2倍、
3倍、…になれば、yも2倍、3倍、…に
なることを利用しています。求め方2 では、
y＝きまった数×xの式を利用しています。

---

41. **8　比例と反比例** 　41ページ

① ①（・を見てください。）

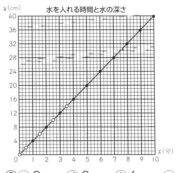

水を入れる時間と水の深さ

②⑦0　　①2　　⑦6　　⑤10　　⑦14
③（①のグラフの。を見てください。）
④34cm

考え方　②4×時間＝水の深さ　この式を使
いましょう。順に、4×0＝0、4×0.5＝2、
4×1.5＝6、4×2.5＝10、4×3.5＝14
④上のグラフで、水を入れる時間が8.5
分のときの水の深さを調べます。

42。 8 比例と反比例

1 ①180 km
　②1時間 30 分
　③電車…時速 80 km
　　自動車…時速 60 km

考え方 グラフから、1時間で電車は 80 km、
自動車は 60 km 進むことがわかります。

43。 8 比例と反比例

1 ①⑦$\frac{1}{2}$　④$\frac{1}{3}$　⑦$\frac{1}{4}$　②⑤6

2 ⑦18　④3　⑦9　⑤6

3 ①、③

考え方 **1** ②反比例なので、人数が 12 倍
になれば、1人分の枚数は $\frac{1}{12}$ 倍になりま
す。

44。 8 比例と反比例

1 ①⑦1　④16　⑦4
　②⑤底辺(の長さ)　⑦高さ　⑩48
　③$y=48÷x$　$(x×y=48)$
　④3 cm

2 ①反比例　②$y=240÷x$　$(x×y=240)$

3 ①反比例、(式)$y=30÷x$　$(x×y=30)$
　②比例、(式)$y=4×x$

考え方 〈比例・反比例の関係を表す式〉
　比例…$y=$ きまった数 $×x$
　反比例…$y=$ きまった数 $÷x$

45。 8 比例と反比例

1 ①⑦2.5　④2.2　⑦2　⑤1.7　⑦1.4
　②$y=10÷x$　$(x×y=10)$
　③

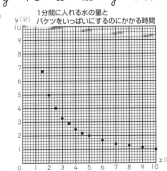
1分間に入れる水の量と
バケツをいっぱいにするのにかかる時間

考え方 **1** ①⑦$10÷4=2.5$
　④$10÷4.5=2.2\dot{2}$　⑦$10÷5=2$
　⑤$10÷6=1.6\dot{6}$　⑦$10÷7=1.4\overset{7}{2}$

46。 8 比例と反比例

1 ①$y=5×x$
　②⑦1　④10　⑦3　⑤25
　　⑦30　⑩8　⑧9　⑦50
　③〈例〉10 分より多く水を入れると、水そ
うからあふれてしまうから。
　④

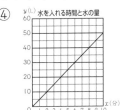
水を入れる時間と水の量

2 ①⑦12　④6　⑦3　⑤2
　　⑦1.5　⑩1.2
　②$y=12÷x$　$(x×y=12)$
　③0.8 cm
　④

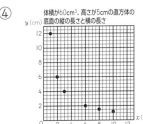
体積が60cm³、高さが5cmの直方体の
底面の縦の長さと横の長さ

考え方 **1** ②①の式を使いましょう。

みんなの かたへ 比例する関係を表すグランは0の点
を通る直線になることを確認しましょう。

47。 8 比例と反比例

1 ①△　式 $y=20÷x$　$(x×y=20)$
　②○　式 $y=7.9×x$
　③△　式 $y=6÷x$　$(x×y=6)$
　④○　式 $y=20×x$

2 ①⑦12　④18　⑦4　⑤6　⑦48
　②$y=6×x$

3 ①⑦40　④20　⑦5　⑤5　⑦10
　②$y=40÷x$　$(x×y=40)$

考え方 **1** ①$x×y÷2=10$　$x×y=20$

おうちの
かたへ y が x に比例するとき、
y＝きまった数×x　が成り立ちます。
y が x に反比例するとき、
y＝きまった数÷x、x×y＝きまった数
が成り立ちます。

48。 9　角柱と円柱の体積 48ページ

❶ ①式　$20×15=300$　答え　300 cm²
　②式　$300×18=5400$
　　　　　　　　　　答え　5400 cm³

❷ ①式　$4×2×3=24$　答え　24 cm³
　②式　$(4×7÷2)×6=84$
　　　　　　　　　　答え　84 cm³
　③式　$(10+23)×12÷2×17=3366$
　　　　　　　　　　答え　3366 cm³
　④式　$(4×4×10)-(2×1÷2×10)$
　　　　$=150$　　　答え　150 cm³

考え方　角柱の体積＝底面積×高さ
❷ ④底面積が $4×4$ (cm²)、高さが 10 cm
の角柱の体積から、底面積が
$2×1÷2$ (cm²)、高さが 10 cm の三角柱
の体積をひいて求めます。

49。 9　角柱と円柱の体積 49ページ

❶ ①式　$4×4×3.14=50.24$
　　　　　　　　　答え　50.24 cm²
　②式　$50.24×9=452.16$
　　　　　　　　　答え　452.16 cm³
❷ ①式　$3×3×3.14×6=169.56$
　　　　　　　　　答え　169.56 cm³
　②式　$12×12×3.14×6=2712.96$
　　　　　　　　　答え　2712.96 cm³
　③式　$4×4×3.14×12=602.88$
　　　　　　　　　答え　602.88 cm³

考え方　円柱の体積＝半径×半径×円周率
　　　×高さ

50。 9　角柱と円柱の体積 50ページ

❶ ①式　$2×1.5×2.5=7.5$
　　　　　　　　　答え　7.5 cm³

②式　$(10×5÷2)×4=100$
　　　　　　　　答え　100 cm³
③式　$(5×3÷2+3×4÷2)×3=40.5$
　　　　　　　　答え　40.5 cm³
④式　$1×1×3.14×3=9.42$
　　　　　　　　答え　9.42 cm³
❷ ①$56.52$ cm³　　②$464$ cm³

考え方 ❶ ③2つの三角柱を合わせた形と
して考えます。
❷ ①$3×3×3.14÷4×8$
②$7×10×8-(4×6÷2)×8$

おうちの
かたへ 四角柱や三角柱などの角柱も、円柱
も、体積は 底面積×高さ で求めること
ができます。しっかり覚えておきましょう。

51。 10　比 51ページ

❶ ①$1:2$　　②$1:4$　　③$3:4$
　④$2:5$
❷ ①比　$5:4$　　比の値 $\dfrac{5}{4}$
　②比　$4:8$（$1:2$、$2:4$など）比の値 $\dfrac{1}{2}$
❸ ①等しい。　　②等しくない。
　③等しくない。　④等しい。

考え方 ❸ 2つの比が等しいときは、比の
値が等しいです。

52。 10　比 52ページ

❶ ①⑦$3$　　①$3$　　②⑦$2$　　①$2$
❷ ①(例)$1:5$　　$4:20$
　②(例)$2:3$　　$12:18$
❸ ①$3:4$　　②$1:2$　　③$1:10$
　④$3:5$　　⑤$3:16$

考え方 同じ数をかけたり、同じ数でわった
りしてできる比は、もとの比と等しいです。
❷ ①$2:10=(2÷2):(10÷2)=1:5$
　　$2:10=(2×2):(10×2)=4:20$
❸ ①$18:24=(18÷6):(24÷6)=3:4$
　②$1.5:3=(1.5×10):(3×10)=15:30$
　　　　$=(15÷15):(30÷15)=1:2$
　④$\dfrac{1}{6}:\dfrac{5}{18}=\dfrac{3}{18}:\dfrac{5}{18}=3:5$

53. | 10 比

❶ ①⑦70　　⑦14　　⑦14
　　②⑤14　　⑦42　　⑦42

❷ 25 cm

❸ 78 個

❹ 560 円

考え方 ❷ 縦の長さを x cm とすると

$$5:8=x:40 \quad x=5\times5=25$$
（×5）

❸ はずれくじの数と全部のくじの数の比は、
13：15で、はずれくじを x 個とすると、

$$13:15=x:90 \quad x=13\times6=78$$
（×6）

54. | 11 拡大図と縮図

❶ ⑦1　　⑦2　　⑦$\frac{1}{2}$　　⑤$\frac{1}{2}$　　⑦32

❷ 辺ABに対応する辺の長さ…10 cm
　辺CDに対応する辺の長さ…16 cm
　角Bに対応する角の大きさ…80°

❸ 辺ACに対応する辺の長さ…1.5 cm
　辺BCに対応する辺の長さ…1.4 cm
　角Bに対応する角の大きさ…70°

考え方 ❷ どの辺の長さも4倍にします。

❸ どの辺の長さも $\frac{1}{3}$ 倍にします。

55. | 11 拡大図と縮図

❶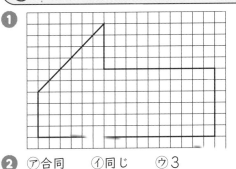

❷ ⑦合同　　⑦同じ　　⑦3

❸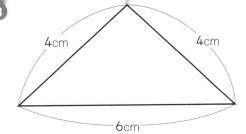

❹
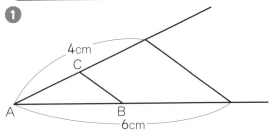

考え方 ❸ 3辺の長さをはかる方法だと、
頂点イに対応する点から辺アイの2倍の長
さをはかり、頂点ウに対応する点から辺ア
ウの2倍の長さをはかって、その2つが交
わる点を頂点アに対応する点とします。

56. | 11 拡大図と縮図

❶
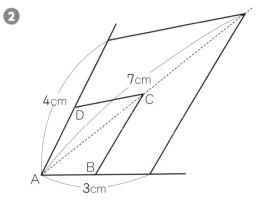

❷

❸
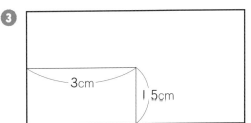

考え方 ❷ 対角線ACをひいて2つの三角
形として考えます。

91

❶ ①12 m　②$\frac{1}{1200}$　③192 m

❷ ①省略　②約 7.2 m

考え方 ❶ ③1めもりは 12 m だから、
横の長さは 12×3＝36（m）
60＋60＋36＋36＝192（m）

❷ ②①でかいた縮図のアイの長さが
約 2.9 cm、縮尺が $\frac{1}{200}$ ですから
2.9×200＝580　580 cm＝5.8 m
5.8＋1.4＝7.2

❶ 辺BCに対応する辺の長さ…18 cm
　辺CDに対応する辺の長さ…14 cm
　角Dに対応する角の大きさ…70°

❷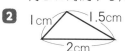
1cm　1.5cm
2cm

❸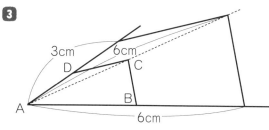
3cm　6cm
D　C
　B
A　6cm

❹ 210 m

考え方 ❹ 280 m が縮図では 2.8 cm だ
から、縮尺は 2.8：28000＝1：10000
BCの実際の長さは、
2.1×10000＝21000（cm）
単位を m になおすと 210 m

おうちのかたへ 拡大図、縮図では、対応する辺の長
さの比や、対応する角の大きさが等しいこ
とを覚えておきましょう。

❶ ①円
　②式　20×20×3.14＝1256
　　答え　約 1256 cm²

② 式　(3＋6)×6÷2＝27
　　　　　　　　答え　約 27 m²

❸ 式　(3×2)＋$\left(1×1×3.14×\frac{1}{2}\right)$＝7.57
　答え　約 7.57 m²

考え方 ❷ 台形の面積＝（上底＋下底）×
高さ÷2　(3＋6)×6÷2＝27
❸ 長方形の面積は　3×2＝6
半円の面積は 1×1×3.14×$\frac{1}{2}$＝1.57
6＋1.57＝7.57

❶ ①約 450 cm³　②約 423.9 cm³

❷ ①円柱　②約 42390 m³

❸ ①直方体（四角柱）　②約 32 m³

考え方 ❶ ②3×3×3.14×15＝423.9
❷ ②15×15×3.14×60＝42390

⭐ ①　ソフトボール投げの記録

きょり（m）	人数（人）
15以上～20未満	1
20　～25	0
25　～30	3
30　～35	7
35　～40	3
40　～45	1
合計	15

②あ32 m　い34 m　う33 m

⭐ ①200.96 cm²　②113.04 cm²

⭐ ①⑦7　①21　⑦4　①42
②y＝7×x
③84 L

考え方 ⭐ ②　あ…すべてのデータの合計
÷データの個数で求めます。い…34 m の
記録の人は3名です。う…データを大きさ
の順に並べたとき、大きい（小さい）ほうか
ら8番めのデータの値です。

⭐ ①8×8×3.14＝200.96
②12×12×3.14×$\frac{1}{4}$＝113.04

おうちのかたへ 円の面積は、半径×半径×3.14

62. 角柱と円柱の体積／比／拡大図と縮図

⭐1 ①210 cm³　②62.8 cm³　③7650 cm³

⭐2 ①40　　②3　　　③25

⭐3 22.5 cm

⭐4 ①1.5 倍

　　②辺 AE の長さ…5.4 cm

　　　角 E の大きさ…75°

考え方 ⭐1 角柱、円柱の体積＝底面積×

高さ

①12×5÷2×7＝210

②2×2×3.14×5＝62.8

③(10＋20)×17÷2×30＝7650

⭐3 縦と横の長さの合計は、120÷2＝60

$60 \times \frac{3}{8} = 22.5$

おうちのかたへ ⭐2 等しい比の求め方を確認しておきましょう。

63. 12 並べ方と組み合わせ

⭐1 ①

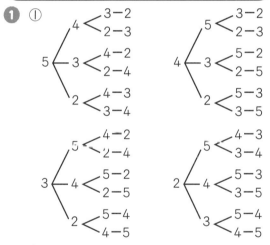

②5342

③24 通り

⭐2 6 通り

考え方 ⭐1 ②いちばん大きい数は 5432。2 番めに大きい数は、一の位と十の位を入れかえて、5423。3 番めに大きい数は、百の位を 4 の次に大きい数にします。

64. 12 並べ方と組み合わせ

⭐1 ①1035、1053、1305、1350、

　　1503、1530、3015、3051、

　　3105、3150、3501、3510、

　　5013、5031、5103、5130、

　　5301、5310

②18 通り

③5310

⭐2 ①5人の名前を⑫、⑭、⑱、⑭、⑯とします。

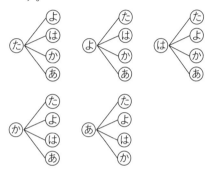

②20 通り

考え方 ⭐1 ①千の位、百の位、十の位、一の位の順に数を決めていきます。0135 のような千の位が0になる数は考えません。

65. 12 並べ方と組み合わせ

⭐1 ①A－B、A－C、A－D、

　　B－C、B－D、C－D

②6 通り

⭐2 ①10 通り　②10 通り

考え方 組み合わせを調べるときは、順番は関係ないので、A－B と B－A は同じ組み合わせと考えます。

66. 12 並べ方と組み合わせ

⭐1 ①

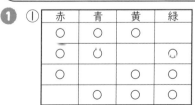

赤	青	黄	緑
○	○	○	
○	○		○
○		○	○
	○	○	○

②4通り

⭐2 3 通り

⭐3 ①12 通り　②12 通り

考え方 ❸ ②||人を選ぶとき、選ばれない|人を選ぶと考えることができます。

67. 12 並べ方と組み合わせ
67ページ

❶ ①24 通り　　②875
❷ ①4 通り　　②8通り
❸ 6 通り
❹ 5 通り

考え方 ❶ ①百の位、十の位、一の位の順に数を決めていきます。

おうちのかたへ |つ|つもれがないように、順序よく並べて調べる練習をしましょう。

68. 文字を使った式／分数と整数のかけ算、わり算／対称な図形／分数のかけ算
68ページ

⭐ 式　$x \div 4 = 7$　　答え　28 個
⭐ ①$\frac{12}{5}\left(2\frac{2}{5}\right)$　②$\frac{9}{4}\left(2\frac{1}{4}\right)$　③15
　④$\frac{5}{12}$　　⑤$\frac{4}{27}$　　⑥$\frac{2}{3}$
⭐ ①2 本
　②
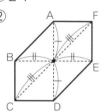
　③辺BC、辺CD、辺EF
⭐ 式　$0.7 \times \frac{5}{7} = \frac{1}{2}$　　答え　$\frac{1}{2}$ m²

考え方 ⭐ ①
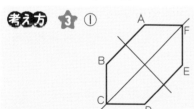

おうちのかたへ 分数×整数、分数÷整数の問題では、整数を分子と分母のどちらにかけるのかをまちがえないようにしましょう。

69. 分数のわり算／データの見方／円の面積／比例と反比例
69ページ

⭐ ①$\frac{5}{8}$　　②$\frac{4}{7}$　　③3

---

② ①
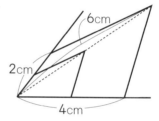
②最ひん値 26 回　　中央値 23 回
③⑦|　　①5　　⑦7　　⑤4
　⑦17
❸ ①50.24 cm²　　②56.52 cm²
❹ ①$y = 3 \times x$
　②$y = 56 \div x$　$(x \times y = 56)$

考え方 ⭐ ②中央値は、小さい(大きい)ほうから並べてまん中の9番めの記録です。

おうちのかたへ 円の面積の求め方
円の面積＝半径×半径×3.14

70. 角柱と円柱の体積／比／拡大図と縮図／並べ方と組み合わせ
70ページ

⭐ ①60 cm³　　②314 cm³
⭐ ①| : 30　　②5 : 7　　③3 : 25
⭐
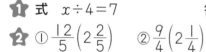
⭐ 6 通り

考え方 ⭐ 三角柱や円柱の体積は、底面積×高さで求めます。

おうちのかたへ 作図では、コンパスを使うと便利です。

71. 算数のまとめ
71ページ

❶ ①⑦3　　①4　　⑦2　　⑤7
　②⑦3　　①0　　⑦|
❷ ①56　　②12
❸ ①24　　②8
❹ ①21、31、41、13、23、43
　②124
❺ ①$\frac{2}{3}$　　②$\frac{3}{5}$　　③$\frac{3}{2}$

考え方 ❷ ①8の倍数の中から、7でわりきれる数を見つけます。このうち、いちばん小さい公倍数が最小公倍数です。

94

72. 算数のまとめ　72ページ

❶ ①17977　②4790　③23100
　　④52　　　⑤6.16　　⑥6.77

❷ ①4.2　　②1.2　　③27

❸ 式　18.8÷2.8＝6 あまり 2
　　　答え　6本できて、2m あまる

❹ ①$\frac{23}{18}\left(1\frac{5}{18}\right)$　②$\frac{121}{48}\left(2\frac{25}{48}\right)$　③$\frac{9}{14}$
　　④$\frac{11}{3}\left(3\frac{2}{3}\right)$　⑤$\frac{6}{5}\left(1\frac{1}{5}\right)$　　⑥1

 ❷ ①$12.5÷3＝4.1\overset{2}{6}\cdots$
　　②$0.37÷0.3＝1.2\overset{\,}{3}\cdots$
　　③$6÷0.22＝27.2\overset{\,}{2}\cdots$

73. 算数のまとめ　73ページ

❶ ①3.05　②$\frac{2}{3}$　③25　④4、4

❷ ①56　②29　③112　④76

❸ ①⑦　②⑦

❹ 8個

考え方 ❷ ①（　）から先に計算します。
②③④＋・－よりも、×・÷を先に計算します。
❹ 240×x＝1920 だから、
x＝1920÷240、x＝8

74. 算数のまとめ　74ページ

❶ ①あ35°　②い105°　③う80°

❷ ①31.4cm ②14.28cm ③25.12cm

❸ ①

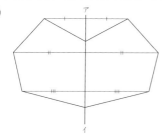

②

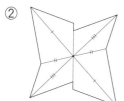

考え方

❶ ①180－110－35＝35
②360－110－70－75＝105
③360－80－90－(180－70)＝80

❷ ①(5×2)×3.14＝31.4
②(4×2)×3.14×$\frac{1}{4}$＋4×2＝14.28
③直径8cm の円周の半分と、直径4cm
の円周の長さをたします。
8×3.14×$\frac{1}{2}$＋4×3.14＝25.12

75. 算数のまとめ　75ページ

❶ ①面え
②面い、面え、面お、面か
③辺AB、辺BC、辺EF、辺FG
④辺DC、辺EF、辺HG

❷ ①面あ、面う、面え、面お
②辺セア

❸ 長方形

考え方 ❷ 組み立てた形は、
右の図のようになります。

76. 算数のまとめ　76ページ

❶ ①16cm²　②12.56cm² ③12m²
　　④10.5cm² ⑤7cm²　　⑥12.56cm²

❷ ①18000cm³　②251.2cm³

❸ 24cm³

考え方 ❶ ①三角形の面積は、底辺×高
さ÷2 で求めます。8×4÷2＝16
②円の面積は、半径×半径×円周率で求め
ます。2×2×3.14＝12.56
③ひし形の面積は、一方の対角線×もう一
方の対角線÷2 で求めます。6×4÷2＝12
④台形の面積は、(上底＋下底)×高さ
÷2 で求めます。(3＋4)×3÷2＝10.5
⑤平行四辺形の面積は、底辺×高さで求
めます。2.8×2.5＝7

❸ 底面の面積は、3×4÷2＝6
立体の体積は、6×4＝24

① ⑦ l km　④ l cm　⑦ l mm　④ l mL
⑦ l kg　⑦ l mg

② ①⑦ l km²　④ l ha　⑦ l cm²
②10000 倍

③ ①⑦1000 cm³　④ l kL　⑦ l mL
②1000 倍

考え方 ② ② l km＝1000 m
1000×1000＝1000000
1000000÷100＝10000

③ ② l m³＝1000000 cm³
l L＝1000 cm³
1000000÷1000＝1000

① ⑦14　④10.5　⑦8.4
式　$y＝42÷x$　$(x×y＝42)$

② ①⑧
②⑧…$y＝32×x$
　⑥…$y＝120÷x$　$(x×y＝120)$
③15 分　④640 枚　⑤15 人

考え方 ② ①x が 2 倍、3 倍、…になると、
y も 2 倍、3 倍、…になっているのは⑧です。
③$480＝32×x$ より、$x＝15$
④$y＝32×20$ より、$y＝640$
⑤$8＝120÷x$ より、$x＝15$

① 9.2 人
② ①分速 1.5 km　②60 km
③ 式　$3200×(1−0.4)＝1920$
　　　　　　　答え　1920 円
④ ①4：1　②1：7　③6：7
⑤ 200 cm

考え方 ① $(3＋8＋7＋10＋18)÷5＝9.2$
② ①$90÷60＝1.5$
②$1.5×40＝60$
⑤ 3 m 60 cm→360 cm
$360×\dfrac{5}{9}＝200$

① ①40 ％　②$\dfrac{3}{8}$ 倍　③1120 冊

② ①⑧84　⑥8　⑦96　⑦16　⑧112
②⑧…2 月と 3 月の両方でボランティアに
　　参加した人数
　⑦…3 月のボランティアに参加した人数

③ 6 通り

考え方 ③ 樹形図(じゅけいず)を使って、もれがないように調べましょう。

$2\begin{cases}3—4\\4—3\end{cases}$　　$3\begin{cases}2—4\\4—2\end{cases}$　　$4\begin{cases}2—3\\3—2\end{cases}$